U0247490

INTERIOR RAMBLE • KYOTO ARTISANS • SIMPLE LIFE

遊　物

NAIVE 小樣 • 编

广西师范大学出版社
• 桂林 •

策划人：梁文道
执行主编：覃仙球 叶莺
视觉总监：刘晓青
特邀摄影师：杨明

Contents

The Necessity of Life Indoor

室内之必要

文Writer_梁文道　摄影Photographer_杨明

自从人类第一次踏上月球表面，到现在已经快五十年了。不知道未来的人会怎么看我们过去所经历的这五十年。如果单从一种很传统的科幻想象来说，他们会不会觉得我们这五十年是技术停滞的五十年呢？居然在空间旅行上面没有任何跨越。记得我小时候，很多人还预言人类到了二十一世纪初期应该就要在火星建立殖民地了。但现实却是 1972 年之后，人类就连月球都没有再上过一次。在我那个年代，还有一种被认为是未来洲际之间必然的交通工具，叫做“协和号”客机。它能以两倍的音速，在一万五千米高空飞行，从伦敦飞到纽约，只要三个半小时。可是最后，它不只不能普及，而且还被干脆放弃。如果算上今天繁琐扰人的安检程序，现在坐一趟飞机在任何两个地点之间穿梭，所花的时间比起三十年前其实还要长。假如缩短空间距离是技术进步的目标之一的话，我们其实是退步了。

当然，几十年前的人一定想象不到，原来我们在缩短空间距离的努力上的最大进展，竟然就只在掌上。出门不再必要，这是一个卧游的年代。给我一部手机，我就能够举起全世界。

据说旅行的妙用之一是逃避现实。当然，无论我们去什么地方旅行，我们始终都还处在这个恼人的现实当中。你去了巴黎，会遇见巴黎的现实，它其实没有你听说的那么浪漫；你坐在飞机上，那是飞机的现实，局促到让你手脚麻痹；你在一个廉价酒店的小房间里头休养，则有这个房间里的现实，例如昆虫在夜半爬行时所发出的声音。这些现实都不一定让人愉快。人生实苦，那个在一般意义下总是带着负面意涵的“现实”二字，是怎么躲也躲不掉的。既然如此，何不干脆认命？好好待在家里就是，正是“躲进小楼成一统”。

一生绝大部分时间都在今天的意大利和俄罗斯度过的法国人萨米耶•德梅斯特（Xavier de Maistre），可能是西方文学史上最有名的卧游旅行作家。1790 年，因为一场决斗，他被判软禁在家四十二天。那是欧洲文学史上最流行壮游文学的时期，似乎每个有点自尊的作家，都应该要来一趟长途旅行，并且记下自己所见的种种奇观，去的地方越遥远越好，写出来的东西越离奇越妙。所以有些作家索性虚构，或者明言自己去的是无何有之乡，又或者假装去过一些根本未曾踏足的异邦。受困在家的德梅斯特，反其道而行，带着讽刺的心态，把那四十二天的经历写成了《在自己房间里的旅行》。不是开玩笑，这真是一本游记。就像德国学者斯蒂格勒（Bernd Stiegler）所说的，“室内旅行牵涉的是一种陌生化，使吾人从日常的居住经验之中退出，再用崭新的角度去探索和描述它”；“旅行不一定要抵达一个乌托邦，或者设定任何一个最终的目的地，反而可以是理应熟悉的此时此地；这种书写不必描述一个如梦似幻的世界，它写的是最庸俗的生活空间；不必去最遥远的带有异国风情的地方探险，就在当下，就在这个房间里面”；“只要一个观察者开始在室内旅行，这些被每一天的生活的灰霉所遮掩的空间，就会转化成为最真实的经验领域”。《在自己房间里的旅行》是本令人耳目一新的游记，让人发现我们果然能在方寸之地漫游，在一张椅子的椅腿上面看到最有趣的故事，在一块地毯的边角遇见壮美的天地。

虽然都是卧游，但它和我们现在坐在沙发上上网冲浪、漂流全世界的那种卧游是很不一样的。我们如今偏好的卧游，真能叫我们忘记现实，甚至身边人的存在；而且不必自主，因为我们的眼球全都等着被人争夺。但德梅斯特的卧游，却是把全部的注意力集中在身前最实时、最直接的现实上面，关注其中所有的细节；同时还要我们发挥自主的想象力，就像灯塔的光束，一一扫过所有晦暗的角落，令它们折射出不同的色彩。

在德梅斯特出版《在自己房间里的旅行》的时候，笛福的《鲁滨孙漂流记》已经走红了大半个世纪，当时很多人模仿《鲁滨孙漂流记》所立下的模范，写一些背景设定在遥远荒岛上的野外求生故事。它们的共同点是，尽管场所偏僻蛮荒，主角又只有一两个人，但其真正关怀却是整个不在现场的人类社会。也就是说，它们要在一个人和一个岛屿上面，以文明的缺席去曲折地书写出它的存在。德梅斯特没有这么大的野心，他真的就只是写他的住宅，一栋小小的、长方形的都灵公寓，如此而已。所以也就有人不满，因为这是真正的躲避现实，忘记了外面更大世界的存在。凡是还带着点知识分子良心的人，多半不会喜欢这种小资格调。

虽然德梅斯特没有写到窗外的世界，纯粹内向，但是我们都知道一个房子必然有窗。凭窗眺望，外面的世界还是存在的。俗话讲，距离产生美。透过窗户，重度空气污染下的街景有时候竟然也有一种朦胧。就好比我们偶尔会喜欢坐在窗前，看看外面的雨景，如果此时我真的走在街上，也许就很狼狈了；但幸好我在室内，路人的狼狈就成了我家墙上一幅意境凄迷的图画。我知道，这是一种更糟糕的“小确幸”，很没有良心。不过熟悉摄影的人都知道，窗户同时也可以是一个框架，它能够为纷乱的世界定下一个观察的角度，把看似迷茫的人间整理成一套便于理解的叙述。更何况距离也是思考乃至于批判的前提，不站远一点，没有任何间隔，你就会被完全吞没，不自觉地成为喂养现世母体的其中一块小小饲料。

是的，一间有窗的房子就像一个“暗室”（camera obscura）——早在《墨经•经说下》中被描述过的光学现象，透过一个小孔，外面的风景被颠倒过来，投射在室内的一面墙上。先有距离，然后有光，画家就可以细致地描绘这个在时间之流中被暂停下来的世界切片，不只透视出万物彼此的距离与各自的位置，更确定了观照这个世界的主体所在，难怪很多人都认为它是文艺复兴绘画的起源之一。这自然是一种审美，可文艺复兴从来都不只是一场美学运动，它更是理性的，以人的尺度去重新丈量世界，乃至于再想象新秩序之可能的尝试。

故此，“看理想”推出“室内生活节”，以及这份不定期刊物。因为在这动不动就“十万加”的年代，一定的距离，一种室内的观点，或许是必要的。

I N T E R I O R

“室内”究竟有什么？有人只能看到平庸之味，而有人则能在看似无奇的周身事物中看出精深，洞察出奇妙独到的底蕴及美感。这些世人眼中的“大家”，其实生活中与普通人并无太大差别——他们同样享受生活之乐，但始终保持对生活审慎的思考，恪守自成体系的生活原则。

室内 · 漫谈

R A M B L E

“饮食是可以最真切地跟世界、跟任何文化接轨的一件事，透过它可以切实地去关心身边的一切事物，如传统、潮流、物价、物产、节气等等。我很少为做而做，而是每天做自己想吃的，所以并不是在应付吃饭这件事，而是把厨房当做实验性质的游戏场。我不觉得天天在家做菜让我的世界变小，那反而是把世界带进了我的厨房。”

庄祖宜，生于台北。作家，厨师，外交官夫人。哥伦比亚大学人类学硕士。2006年放弃博士学位进入麻州剑桥厨艺学校。著有《厨房里的人类学家》、《简单 · 丰盛 · 美好》。

Chuang Tzu-i：Create a New World in the Kitchen

庄祖宜：在厨房中开发一片“新天地”

采访Interviewer&文Writer_于丹 图Pictures_图片由庄祖宜提供

“食物和进餐的氛围可以维系感情”

庄祖宜对于美食的最初记忆，是幼年时将她带大的保姆张妈妈做的芹菜或韭黄炒牛肉。那是她稚嫩的味蕾品尝到的第一道堪称美食的菜肴。多年之后她溯本求源，发现原来自己的嘴从小就如此之刁。

“我小时候以挑食著称，对大人的食物完全不感兴趣，能够让我唯一起心动筷的就是张妈妈的炒牛肉。每个周末被爸爸接回家、我总是一直哭喊着要回张妈妈家，要吃她的炒牛肉。……近些年每次回台湾，我都会带着孩子们去看望已经年过八旬的张妈妈，她总是给我们做上一桌饭菜，我和孩子们还是最爱那道炒牛肉，他们果然是我的孩子啊。”

也是从张妈妈身上，庄祖宜自然而然地知道了生活的样子。送到嘴边的美食，源头也许是一条活蹦乱跳的鱼，或者在院子里养了三年的鸡，经过一番不甚美好的大动干戈之后，才能最终变成桌上色香味俱全的菜肴。

“现在的年轻人，别提杀鸡宰鱼，能去超市买一块已经切好的包在保鲜膜里面的鸡胸肉就已经不错了，他们可能还觉得摸起来滑滑的，有一点害怕，哈哈。但是以前的人，也许是情势所逼，他们想要吃什么就必须从源头做起。”

“从前的人并不觉得自己讲究，但是他们用的食材就是比我们的好。现在要特别去找，才能找到这样的味道。以前就是自己家里种的一点菜，自己家里面养的瘦瘦的鸡，可能那个瘦瘦的鸡长得比较久才够大，所以身上的氨基酸就特别充足，煮出来的汤就是特别鲜美。现在在那种大型饲养场养的六个星期就出来的鸡，虽然胖胖的，但就是没有什么味道。”庄祖宜叹笑。

后来她自己学习厨艺，四处迁徙，成为职业厨师和家庭主妇之后，发现还有许多“老派”的生活习性也早已根植入自己的体内。比如说，念旧、长情，或者用食物和进餐的氛围来维系随时面临跨国搬家的全家人的情感。

“我有一个印尼杵臼，很浅，用的时候需左右研磨，其实我习惯用在泰国买的比较深的杵臼。但是在印尼那么多年里，我们家阿姨天天用它磨香料，所以我对它很有感情，虽然很重，但一直带着。”

数月前，庄祖宜一家四口再次跨国搬家。这种三年迁徙一次的“游牧”式生活，早已让她习惯了如何延续自家的熟悉生活感，来抵消外界环境给家人造成的陌生感与不适。

“我先生并非像大部分私人企业的外派人员那样，仅仅外派几年，国内始终有个固定的家。我们是人到哪里、哪里便是家，而且房子和家具都是公配的，我们没得选择。所以所有的锅碗瓢盆和家用品，都会被打包跟着我们到处跑。不管到了波士顿还是香港、上海、华盛顿、雅加达、成都，我先生和孩子们进了家门，都会感觉到这还是我们一直以来那个温馨的家.”

“把厨房当做实验性质的游戏场”

庄祖宜以前是职业厨师，这几年来，她的主业则是先生和儿子们的专职厨娘。对于曾攻读人类学博士学位的她而言，成为全职太太、妈妈，身处家庭和厨房的日子，是否也让她的世界变小了?

“我觉得饮食是可以最真切地跟世界、跟任何文化接轨的一件事，透过它可以切实地去关心身边的一切事物，如传统、潮流、物价、物产、节气等等。我很少为做而做，而是每天做自己想吃的，所以并不是在应付吃饭这件事，而是把厨房当做实验性质的游戏场。 我不觉得天天在家做菜让我的世界变小，那反而是把世界带进了我的厨房。”

况且，她也不是单纯的家庭主妇，同时还兼任美食作家，借由网络和书籍亲授世界各地网友中西食物料理。“烹饪”在她眼里，同样是一份需要以研究的心态来对待的专业学问。每一道食物的背后，都有它的匠心技巧和文化脉络可循。

在庄祖宜的家庭餐桌上，没有固定菜式。她喜欢常有变化，每换到一地，家里雇佣的阿姨就成了她了解当地饮食文化最直接的窗口。眼下，她的居住地是成都。这里是她妈妈的老家。诸如麻婆豆腐、干煸四季豆这样的家常小炒，都是小时候家里常吃的，只不过缺少品质好的花椒来烹炒，麻的成分不足。

“成都的花椒好，我现在用得很多。炒菜时加一点豇豆、泡椒也很方便，腊肉、香肠我也常用。”搬到成都后，她很少再做西餐，买的几乎都是成都人平时吃的菜，但有时候烹调方法可能不太一样。“比方我在外面买到这个季节四川特有的儿菜头，看它苦苦脆脆的，就切片，豆豉辣椒快炒。后来阿姨告诉我可以放进泡菜坛先泡泡，我就丢了几颗进去。我随时都在发掘新的食材和烹饪方法。”

她曾做过的一次TED演讲，主题便是围绕当下的世界农渔业现状，提醒大家思考饮食与自身和环境的关系。她除了关心餐桌食材的出处，例如在哪里买得到可信赖的有机蔬果和没有施打抗生素、荷尔蒙的家禽，哪类海鱼没有重金属超标，以及哪些淡水鱼为低污染养殖，还倡导支持有机农业，吃当季当地食材，减少铺张浪费等积极可行的日常饮食之道。

“我想传达对做菜的热忱和日积月累的心得体悟。我深信唯有动手做才能真正了解，而唯有了解才能欣赏和开创。饮食之均衡、人际之和谐、环境之改善，可以从大家回归厨房开始。”这是庄祖宜将视频节目《厨房里的人类学家》所授食谱汇编成书时，在封面上印着的一段话。

在现代人越发仰赖外食的生活现状之下，这种提倡人们在家里亲自动手为自己和家人烹调食物并抱有积极态度的饮食之道，或许是有意义的。

厨房和餐厅是你的“主战场”，你通常是怎么布置它们的？

我最看重功能性而非装饰性，最基本的配备加上最新鲜的食材摆放，比如水果或不需要冰着的蔬菜，食物本身的颜色就会让厨房很明亮。很多年前我读到了英国食谱作家Elizabeth David的那篇《我梦想中的厨房》，她说自己哪可能有专门定制的柠檬黄、柿子红、酪梨绿等颜色的器具，想要这些色彩出现在厨房，买真实的柠檬、柿子和酪梨就好。她还说，自己是给大众写食谱的人，如果用最高级的炉台烤箱什么的，而一般的读者没有，就用不上她的食谱了，所以她使用的是人人买得起的普通用具。除了给家人做饭，我也是分享食谱的人，我完全赞同她的观点，也是这么在做。从实用的角度建议，我总会配有一张放在流理台和灶台之间的小桌子做中岛台，对常做菜的人来讲会很方便。

我觉得餐厅的灯光很重要。我不喜欢只开大灯，会摆几个台灯、立灯在不同角落，让黄色光源从多个方向散发出来。我们家现在的餐厅里还放着一个跟我们跑了几年的蓝色木头柜，是原来在上海生活时买下的。我们通常由公家租配的公寓都是米白色的墙搭配制式家具，比较没有个性，适度添加一些色彩会使得空间温馨许多。我也收集了一些桌布餐垫，这些东西轻巧易收纳，却能时时为餐桌制造新鲜感。

你的宴客之道是什么？

我比较希望呈现出来的餐桌是丰盛、有家庭氛围的。就碗盘来讲，我自己不太喜欢也向来不鼓励大家使用一整套碗盘，甚至是花很多钱去买每只都镶着金边的英国骨瓷之类的，一来太正式，二来缺少层次感。我会用大大小小、深浅不一、高高低低的碗盘。这几年每次宴客，我都不会为每位来客单独摆盘，而是大盘大碗地出菜，所以特别大、有深度的碗盘就积累得比较多。我也建议要有几个形状不规则的碗盘上桌，会带来视觉流动感。在宴客的菜式上，我通常是不固定的——厨师总是贪新，完全依赖于自己当天的心情、能买到的当季食材和那一阵最迷恋做什么。

偏爱选择哪些酒待客？

老实说我不是特别懂酒，我喜欢研究酒品怎么入菜，比如味道非常相近的绍兴酒和西班牙雪莉酒用在中式炖卤菜色上很好，但经过我的实验，发现它们也可以跟鱼贝类、蘑菇、猪肉搭配。一小瓶平价的白兰地或干邑，几乎和什么都搭，只要用一点点就可以为酱料和甜点增加迷人风味。我也会用龙舌兰腌鸡肉和鲜虾，用威士忌腌猪里脊，用朗姆酒做甜点。我和先生平常在家心情好的时候会开一瓶酒，大多是产自欧陆的有DOP或AOC原产地认证的酒，我不会选贵的，都是买来喝喝看，喜欢就继续买。

成都美食的调味料很丰富，你对于调味料的使用原则是什么？近些年有很多人主张少使用它们以便享受食物的原味，因为更健康，你怎么看？

所谓原味，即便是吃生鱼片，也还是需要用刀工先把新鲜的鱼切出最好的状态，其他除了水果可以直接吃，或像蛤蜊本身有鲜味和咸味，煮一下就可以吃，但大部分食材还是需要用盐调出鲜味，加上适当的火候和辛香调味。讲究养生的人常常吃的是最好的食材，但全部是生的或清蒸、水煮的，我觉得有点可惜，反而辜负了食材，造成了很多人误以为健康的食物都不好吃。烹饪本身是将自然转为文化的活动，几千年来优秀的厨子一直致力于把食物最好的味道唤出来，给每一样食材赋予最适当的调味和最好的火候，才是尊重食材的原味。

在圣诞节或春节时，你会特别烹饪哪些食物及如何营造气氛呢？

我先生是美国人，圣诞节对他来说很重要，尤其是这十几年来我们都住亚洲地区，如果在家里没有圣诞气氛，特别是当晚没有他童年的感觉，他就会比较伤心，所以我家里有两个箱子的圣诞节装饰品。春节的时候我会贴春联，全家人的年夜饭除了一定会有寓意“年年有余”的鱼之外，每年都会做得不一样。一般会有一两道凝聚注意力的大菜，比方去年我烤了一只鸡，有点像叫花鸡，但是是用面团把鸡包裹住，中间塞了香料，烤好后服上一张大红纸，很有节庆气息，最后再让孩子们把面团敲碎。前年我用小火慢烤了一只脆皮鸭，烙了饼，类似北京烤鸭。我喜欢变花样，尽量每一年都不一样。

听说你在跟家人旅行的时候，也会带一些厨具，在当地做食物给家人？

对，对。如果我在旅行的时候要下厨，通常就是因为我们住的是Airbnb，有厨房的民宿。通常这样的房子都会有最基本的厨具配备。我几乎在什么样的厨房都可以做菜，但是刀总是不够利。用不好用的刀切菜实在很不舒服，所以我总是带着一些我自己的刀，哈哈。

你在米其林餐厅的工作经历会不会帮助大家打破一些关于高级餐厅的迷思？除去食物味道和环境氛围之外，它们的哪些特质是不必追求的？

其实即便是米其林餐厅，很多用的也都是平价批发来的不锈钢或铁氟龙材质的锅具。它们的食材浪费是不可思议的，每位客人每天吃的同一道菜品需完全一致，如果有两只虾其中一只特别大，就会把它切到与另一只同等大小，那是一种对形式的完美追求，并不仅仅是为了美味——实际上更大的虾吃起来当然更过瘾啊，而稍微有一点歪歪扭扭的自然吸引人的地方也完全不会影响味道。所以我不推荐在家里面做fine - dining。如果喜欢餐厅里那种灯光美器具佳、摆盘漂漂亮亮的氛围，平常在家里可以稍微讲究一些小细节，例如菜品入盘时有汁水滴到旁边，顺手擦一下，就会感觉不一样。如需在汤品上面点缀几片绿叶，最后一秒才烫绿叶，它就会翠绿，也不会烂掉。这样的小讲究不会费工费料费钱，但会让你的餐桌更精致。

你在数个不同国家的不同城市生活过，给你留下深刻印象的餐厅环境是什么样子的？

让我记忆犹新的是雅加达的一些餐厅。雅加达太拥挤，通常不会是旅游胜地，所以很多人对它不太了解，但其实这座城市很注重设计和美感，中产以上的人也非常多，有很多餐厅的室内环境都非常好，特别是一进商场，看到的每一家餐厅都很有样子。最近几年，全世界比较文艺的空间都吹北欧风潮，白色的墙壁、原木的桌椅、大棵的绿植，唯一的颜色是摆着的一两条手织地毯，很素净。雅加达的餐厅有这样的味道，但也有自己的感觉，来源于以前荷兰殖民时期的老花砖、吊灯立灯、柚木老家具等。这些餐厅是东西文化交融的产物，经营的食物通常是在传统架构上稍微翻新的印尼饮食。

点外食已经是很多现代人的生活方式，有兴趣、有意愿耗时耗力为自己及家人烹调食物已属奢侈。你怎么看为家人烹饪食物对建构家庭的重要性？

我理解现代人因太忙碌不可能天天做菜煮饭，我自己也偶尔会因为太懒或太忙或想吃外面好吃的食物而点外送或去餐厅，可即便是我们能够确知食材、所用调料和制作方式均干净卫生，通常餐厅放的鸡粉、味精也太多，天天吃对健康不利。自己做饭可以为每个环节把关。实际上我并非传统家庭的好妈妈，每餐三菜一汤或五菜一汤，有时就只是简单炒个有菜有肉的饭或是拌个面而已，常常是二十分钟内搞定一家大小的一餐饭。我个人认为，一起吃饭是凝聚全家人向心力的重要时刻，席间可以聊聊各自一天做了些什么，如果没有办法自己做饭，我建议即便是点外食，也要尽量全家一起同桌共食。

李健，生于哈尔滨。创作型歌手，音乐制作人。1994年入读于清华大学。2001年正式进入音乐行业，多次获得国内音乐大奖，并为多位歌手创作及制作音乐。

Li Jian: No Music When I am Reading

李健：我看书的时候，不爱听音乐

采访Interviewer_于丹 文Writer_覃仙球&于丹 图Pictures_图片由李健提供

“音乐的确有好和不好之分，好的音乐就是真实而有情感、能够打动人心的音乐，其实有点像有机食品，是自然里长出来的、野生的、具有植物明显特征的；那些过于加工的、转基因的、毫无生命力的、看起来好像塑料玫瑰花一样，就是不好的音乐，但很多人喜欢塑料玫瑰花。”

“音乐可以营造空间感和画面感”

听李健的许多音乐，总感觉恍然回到某个年代。在那个年代，城市都很小，楼层不高，阳台上不时有花落下。半旧的书桌就在窗边，房间的墙上贴着流行歌手的海报，极轻的音乐从沙哑的收音机里流出。窗外，女孩坐在街心花园的树下读诗集，不远处的街边，男孩斜跨在自行车上忐忑张望。那个年代没有手机和网络，时间透明又缓慢。

这是一种难得的魅力，通过音乐来营造出一种枝蔓舒展的空间感和画面感。

因此许多电影都乐于邀请他来创作主题曲，而他也总能交出漂亮的作品。“主题曲是电影的缩影”，以抽象的音乐赋予电影另一种不同的含义，甚至是将其提升至更高层次，让两种不同维度的空间交融，是他一直试图去做的。也许让他描述一首歌曲如何从无到有会有些勉为其难。“很多时候创作者本身也不十分清楚，它就这样诞生了。”

他的音乐是有来源的，仔细听便能听出它们的来历，比如说，文学。他的《传奇》，歌曲名字的灵感即来自茨威格的《一个陌生女人的来信》，而《似水流年》则受启发于普鲁斯特的《追忆似水年华》……

采访李健的前几天，他为电影《心理罪之城市之光》所作的主题曲《城市之光》刚刚面世。看过影片的粗剪后，李健独坐家中，回想起了曾在旧金山看到过的书店名字和“垮掉的一代”，思考何谓真正的“城市之光”。“我因此使用了比较意象化的歌词，为了展现和电影一样有冲突感的音乐，在作曲时又设置了多个转调。这首歌包含了我要表达的几层意思，其中之一是梦境跟现实并不完全可分，梦境是现实在另一个空间的投射，而梦中发生的很多事情也会在现实中以变奏的方式上演。”

最终，一部犯罪题材的电影，主题曲却以轻盈、古典的面目出现：如水流般的钢琴和弦乐，来自西洋室内乐的婉转旋律和低吟浅唱。这又让人看到了他音乐中的另外一个源头：古典音乐。

“古典音乐也曾经是当时的流行音乐，是流行音乐的源泉——真正的源泉。我平常听的音乐大部分都是古典音乐，比方说早年喜欢听肖邦，但后来喜欢情感更内敛的，像舒曼。巴洛克时期的音乐，另外像俄罗斯一些作曲家，钢琴弦奏曲也经常听。总之还是喜欢唯美的。”

无怪乎听他的另外一些音乐，又会让人想起古典时代某些影影绰绰的画面：装饰雍容的起居室内，盛装出席午后鸡尾酒会的淑女和绅士们低声交谈，头戴假发的侍者举着托盘在华美的裙裾间穿行，满身描金彩绘花纹的钢琴前，一位神情专注的男士沉着肩，弹奏出一连串优美的旋律……

POWER
REC LEVEL

砂纸和录音笔

“你对于创作的空间环境挑剔吗？这些时候身边不可少的物件是什么？”

“我不太挑，干净和整洁是基本条件，身边不可少的物件是磨指甲的砂纸，以保证弹出来的声音圆润和悦耳，另外就是录音笔，一般就是这两样，偶尔会有一个本子和一支笔。”

这是采访中一段令人颇为意外的对话。毕竟，大众想象中的许多音乐创作者，创作的过程总伴随着房间内满地纷乱的纸张，冰块半化的酒杯下压着一叠字迹潦草的五线谱，香烟、雪茄不离手，窗户紧闭，窗帘半遮，愁锁双眉。而李健的回答，就和他的音乐一样云淡风轻。

“我的每首歌都由写旋律开始，在我的音乐风格上，美是第一位的，所以在填词的时候一定不能给旋律减分，甚至要通过词语的搭配、咬字方式和独特唱腔为旋律增色，恰恰如此，造成填词困难重重。”为了旋律本身的优美和动听，他会毫不犹疑地在词句上做割舍。文字有小说、诗歌、散文等更纯然的呈现方式，既然是以音乐为载体，这时候的文字应该服从音乐，让音乐本身的美淋漓尽致地展现。

若写作未能顺畅，他会做一些其他事情，继续等待。

这让人不禁联想到有些作家会有的一个共通的写作“仪式”，在真正动笔前，常常是漫长的酝酿期——数天、数月，以致经年，这期间他们脑子里始终盘旋着要写作的内容，手上却做着别的事，只有到了某一时刻，才能最终把自己拉到书桌前付诸行动。对此深有体会的福楼拜，将之称为创作的自我“腌渍”状态。究其实质，之所以难轻松下笔，全在于太在意写作这件事。

李健也时常让自己置身于另外一个空间，甚至去旅行，带着书和一把小琴。也许音乐的灵感突然就从这个空间的某一个角落里蹿出来了。

在私人空间阅读，是李健在音乐之外最主要的日常生活。曾经，他会同时播放音乐，但现在他更倾向于“绝对安静地看书”。在他的书架上，绝大多数的书是文学作品。

因为文学教会了他一切。“读文学让我感觉读到了所有的学科和所有的一切，文学就是一本生活的百科全书，它所展示的宽广度甚至超过了生活本身，超出的那一部分就是艺术，其中包括音乐，它教会人们什么时候需要音乐，和音乐在生活中扮演的角色。”

“段子手”的聆听经验谈

我们的采访中有此一问：**“你介意分享运动和洗澡时听的音乐吗？”**
李健回答道：**“运动其实应该专注，洗澡比较匆忙也不太适合，这里问的可能是泡澡吧。”**
机灵的冷幽默随时抖落，无怪乎网友戏称他为“段子手”。

你觉得音乐和室内空间的关系是什么呢？比如在书店、咖啡厅、茶室、酒店等不同的室内空间，你听到或者希望听到哪些音乐会感到舒服？

其实还是很有关系的。咖啡馆可选择的音乐是比较多的，但是人们一般有一个惯性思维，认为茶馆就一定要放古曲、古筝，其实有些时候也让人有些厌倦，我更希望在茶馆里面听到巴洛克的音乐，不太希望听到民乐。酒店大堂的音乐若隐若现就好，不要有明确的主体性，它就是一个背景音乐。咖啡馆的音乐通常都比较讲究，但也分什么风格的咖啡馆，通常人们会认为咖啡馆都放爵士音乐，但比较热闹的时候可以放爵士，下午安静的时候就放一些钢琴曲、古典吉他曲，独奏也未尝不可。其实有些咖啡馆的音乐是经过精挑细选的，我也买过一些欧洲有名的咖啡馆经常放的合集音乐唱片，但部分还是以爵士为主，分冷爵士、酸爵士等等，也分得很细，有人声的，有不同乐器的，当然还是咖啡馆老板个人的一个喜好。

你的很多曲子里包含古典音乐、室内乐的元素，这样的创作动机是什么？你经常听的古典音乐有哪些？

我并非刻意强调古典音乐，通常意义上人们认为古典音乐是遥不可及的，其实恰恰相反，流行音乐的所有技术都来自古典音乐，后者是前者真正的源泉，古典音乐也曾经是当时的流行音乐。我平常听的音乐大部分都是古典音乐，偏爱唯美的、动听的，比方早年喜欢肖邦，后来喜欢情感更内敛的，像舒曼、巴洛克音乐，另外还有俄罗斯的一些作曲家，钢琴协奏曲等等，主要是从巴洛克到古典、浪漫这三个时期。当代配乐我也经常听，也有很多作品是更优秀、更突出的，如果以前的古典音乐家活到现在，也一定会从事电影配乐，电影配乐都是一些古典音乐家在从事着。

作为职业音乐人，你在室内听音乐的设备是否会很专业？

我家里有几套音响，但是有一段时间MP3用得非常多，后来又回归到音响，用它听古典音乐更有味道。我也有黑胶唱机，是英国产的，其实CD和黑胶唱片各有特点，谁也不能完全否定对方。我认为受空间限制，人们完全可以用MP3等便携设备听音乐，百分之六七十泛泛地听没有问题；在私人空间里，如果有人注重音响特质，甚至是到了追求发烧级品质的程度也可以。两者并不矛盾，可以并存，就像我们吃饭一样，有稍微粗略的时候，有稍微用心的时候。

在家里有朋友聚会时，你通常会选什么样的音乐来营造氛围？

朋友聚会通常没有什么机会去选择音乐，但是朋友聚会一定会有背景音乐，通常选择一些古典音乐，比较抒情的古典音乐，因为太戏剧性的会影响说话。室外就另当别论了，室外的机会通常会选择摇滚乐多一些，比如早期的六七十年代的摇滚音乐。

独处时你通常又会听哪种音乐？

独处的时候更愿意选家里还有一些没怎么听过的，或很久没有听过的音乐，因为有些时候听一些很久没有听过的音乐会发现一些新的感受。

你每天会有听音乐的时间规划吗？

我每天都会听各大网站的最新音乐来了解行业状况。在我看来，音乐的迷人之处也在于它不适合被绝对性地放入框架，包括如何被聆听。我经常听的就是那几样，就像人吃饭穿衣一样，虽然有很多食物、衣服可以选择，但平时穿的用的，翻来覆去就是固定的几样，这也许也是阶段性的，不同年龄听不同的音乐。任何时候精品都是少数，你所买的唱片中留下来的都是精品，可以用来反复聆听。

起床后和临睡前会分别听什么类型的音乐？

起床喝咖啡的时候比较爱听利于苏醒的音乐，临睡还是比较喜欢听古典音乐，尤其是古典吉他曲。

一般而言，旅行期间你会带哪些便携音乐设备？

我通常只有一个iPod touch和一个小音箱在旅行的时候会带着，里面有我亲手挑选输入的五千多首乐曲，有古典的、流行的、爵士的等等，可选择的空间比较大。

你每次旅行都会带吉他吗？最近的日本行有促发你的创作灵感吗？日式居住空间很特别，它们是否引发了你的创作愿望？

旅行的时候都会带着一把旅行用的小琴，因为我不愿错过任何一次一首歌曲可能诞生的机会。我在日本写过一首歌曲叫《雨后初晴》，在京都，歌曲的气质和日本也很符合。日本那种侘寂之美、孤寂之美，还是很吸引人的，它对歌曲的创作有所启发，就是让人更谨慎地下笔，更做到不能有任何冗余的音符在里面，它可能更强调意境，但这种意境一定是唯美的、冷静的、有所回味的。因为日式空间比较静，所以它每种声音似乎都有一种回声，这种回声感可能对你的创作有一些启发。日本的很多房间都很空，不是琳琅满目的，所以它会启发你写下的歌曲也是这样，没有冗余，好像每一个音都经过深思熟虑。

贾樟柯，导演、制片人、作家。生于1970 年，山西省汾阳人。1993 年就读于北京电影学院文学系，从1995 年起开始电影编导工作。

Jia Zhangke: To be An Ordinary Audience

贾樟柯：和“大众”一起看电影才是正经事

采访Interviewer&文Writer_于丹　摄影Photographer_杨明

“电影的魅力在于廉价，很便宜，几十块钱就可以看一场电影。它让我更加热爱这种艺术，因为它不是一场音乐会或者一幅名画。它是一种大众的文化活动，这种感觉让我特别舒服——跟大众在一起，用大众的方法来看电影。所以我看电影也不太烦有人说话，因为如果你真的能够进入那个银幕的世界里，有些东西并不重要。不同的人在一起，不同阶层不同职业不同观影习惯，有想抽烟的，有嗑瓜子的，有哄孩子的，我觉得这种氛围很舒服。所以我不太能理解那种观影的洁癖，比方有人走动一下就好像亵渎了电影。电影本身就是处于公共的场所。千姿百态的大众用千姿百态去看电影，那是电影最有魅力的时刻。”

“我只对真实的世界感兴趣”

从太原到平遥的高铁上，经过每一排座位，都能听到来自全国各地的口音。

前排两位坐在邻座聊天的阿姨应该是萍水相逢，其中一位向另一位描述着她将要去探望的多年未见的亲戚，车到站了，下车的那位跟另一位道了声“有缘再见”；

隔着一条过道的东北大爷在打电话谈业务，语气激昂，眉飞色舞，他此番前来晋中是为了跑生意；

此前在另一个空间里，上海虹桥机场，一位六十来岁的老人等待托运行李，手里攥着机票，脸上紧张的神色透露出他也许是第一次乘坐飞机。

这些崭新的火车站、机场，即便建筑在原有旧址之上，一切旧有的历史却基本无所保留，过往的痕迹仅存在于部分人的记忆里。只有在城市中生活多时的年轻人才能游刃有余地在这样的空间里穿行。那些上了年纪、来自乡下的人们，在这些庞然穹顶之下，总是显得手足无措，无所适从。

这些人的面孔和神情举止，让人瞬间想起贾樟柯的电影。

这是他长期以来所迷恋和热爱的——在作品中描摹平凡人的生存状态和生存困境。对于当下，他从未失语。他热衷于白描式的电影语言，把世界揭示给世人，让人感慨生之不易，个体的命运是否只能如此。

“我只对真实的世界感兴趣，对修饰这个世界没有任何兴趣。如果有人觉得残酷，可能是生活的经历、经验太不一样了。我在上大学之前有一个同学，他们家五六口人挤在不到十平方的小房子里，我不会觉得残酷，而是觉得生活很难。”他背靠着灰色的沙发，神情疲惫。

这是贾樟柯位于平遥电影宫的工作室。当天他在太原拍摄新作品，临近傍晚时分，终于返回工作室。窗外暮色四合，各种明昧不均的灯火次第亮起。在这个陈设清简的工作室里，我们面对面坐着，各自手捧一杯温热的清茶，开始漫漫聊起。

贾樟柯在电影中对于室内空间的处理有个惯用手法，就是从不造景，直接采用实景空间，包括火车站、汽车站、候车厅、舞厅、台球厅、旱冰场、茶楼、桑拿房、卡拉ok厅等在大城市、小城镇都随处可见的场所。

“除了有自身的功能外，这些空间都有人生活的痕迹，透过它们能够让我想象人是怎么活着的。”这一习惯自他的第一部电影保持至今。

他对于空间的这种理解，主要受到意大利导演安东尼奥尼的影响。安东尼奥尼曾说过：“进入到一个空间，要先沉浸十分钟，听这个空间跟你诉说，然后你跟它对话。”这几乎成为贾樟柯一直以来的创作信条。只有站在真实的空间里，他才能知道如何拍摄一场戏。

在《三峡好人》里，由室内空间里的物品来显现其主人的生命活动，成了电影语言的重要部分。比如有的人离开画面后，摄影机还会留在那个空间里，或者一段叙事从空着的空间开始，然后人物再进入；又比如外地来的拆迁工人们寄住的小旅馆里，桌上放着用罐头瓶做的茶杯、辣酱、抽完了的烟盒，甚至从身体上摘下来的绷带，透过这些用品，空间使用者的生活状况全部呈现在观众面前。

“就像尼采说过的，所有的东西都在表层，表层是什么？除了人之外，是空间，如果我们有能力去穿透表层空间，就能感受和传达丰富的人活动的信息，这会给观众一种体悟，就好像自己生活在这个空间里。”

很多人大概还记得电影《任逍遥》里那个功能丰富的公共汽车站的候车大厅，其中卖票的前厅同时用作台球厅，而一道布帘背后，是舞厅。这种功能叠加的空间样貌让贾樟柯从十几年前起就深为着迷，因为在这背后，他看到了“纵深复杂的社会现实”。

“透过这些空间，想象那些人是怎么活着”

眼下他正在拍摄的《江湖儿女》里有一个汽车餐厅，则来自于他在2000年左右的记忆——一辆本已报废的公共汽车被改造成餐厅。

“就是我常说的一句话，这就是在这样的转型阶段，中国人因陋就简的生活。那个铁壳子做的餐厅，它随时可以舍弃，你能感觉到这个餐厅随时可能消失，被拖走、被拆迁。”这种不安定感导致人们不会做太固定的永久室内建筑，可能过个五六年，突然被拆掉了，也就算了，因为它的成本也很低。人们在里面吃火锅、砂锅，谈笑风生，谈情说爱，生活的内容负载在这样一个简陋的临时性空间里，其间充满了戏剧性反差。

他在拍室内空间的时候，特别喜欢用两种灯，一种就是过去的白炽灯，它是偏暖的，一种是日光灯，是偏冷的光——过去室内空间几乎就是这两种照明光源。很多公共空间，包括学校、医院，甚至大部分的家庭，特别在北方，在山西，都会有那种绿色的墙围，果绿色的，那种色彩对他而言也很重要。

在他的第二部电影《站台》里，整个电影就是幽幽的室内的绿色。它来自于童年时的记忆。“因为小时候个子很矮，那个墙围比你高，看过去就是那种绿色，所以绿色变成那个年代一个很重要的记忆，这个室内颜色的元素，就会很强烈地变成对一个时代的色彩记忆。”

“那些氛围、质感，和我的叙事密切相关”

几年前，贾樟柯自北京搬回老家汾阳居住，主要为了躲避雾霾。

“我觉得自己做事、做人是顺应自我的，一旦心变了，我不会对抗自己，那么就按现在的变化来生活。准确地说，我也不全在老家待着，可以说在世界各地待着，手机可以处理很多工作。只不过我没有那种忧虑感，好像离了北京就会离这个行业很远。只要你在创作，就一直在这个行业里。反过来说，当一个人成长了之后，周围的资源对你来说并不重要，因为你已经有自己的资源，在任何地方，它们都在发挥作用。”

虽然在老家和在北京一样，难免颇多杂事，但因了空间距离，他还是得以清净许多。在老家的生活，也使得他和很多的亲戚朋友恢复或开始频繁走动。

多年的生活差异不可避免地会让他和老家的人之间难有共同话题。在差不多十年前，他的确经历了这样的阶段。那时电影是他生活的全部，而十年后，生活的比重变了，电影只是他生活的一部分，其他内容活了起来。“并非刻意为之，是时间、年龄、阅历带给我的改变。”当他意识到有很多事情是相似相通的，和家乡故人之间的共同语言就增加了。

比如《三峡好人》的男主人公三明。三明是贾樟柯二姨家的表弟，两兄弟在少年时非常亲密，后来表弟十八九岁离家到了煤矿工作，贾樟柯也离家求学，两人逐渐疏远，每次回家偶尔碰到，也就是对视笑一下。

三明曾在《站台》和《世界》里先后出演。后来贾樟柯筹拍《三峡好人》时，突然又想到了表弟。“每次看到他的面孔，似乎什么也不用说，我就知道我为什么要一直拍这样的电影，为什么十多年时间里我不愿意把摄影机从这样的面孔前挪走。”

可以说，那些相对无言的“表弟们”其实是他拽住自己不要离生活太远的那一根牵线，用他自己的话来说，是他们让他恢复“血性”，“有勇气面对自己，知道自己依然活着，而不是已经飘到了半空”。

贾樟柯拍摄的从来不是让观众沉浸于梦幻之中的精致电影。他在就读电影学院期间，受到上世纪五六十年代的法国新浪潮电影大师们的感召，便已决心要打破当下电影的固有套路。他想在镜头里赤裸裸地重现最真实的生活面目。

或许这也解释了为什么他镜头中的室内空间，总是充斥着街声、高音喇叭声等来自空间外的接地气的“噪音”。和那些“表弟们”一样，这些噪音也是落入他生命中的真实印记，同样属于这个从不“精致浮华的世界”。

他回忆自己最早注意到这些声音是在上中学时。有一阵子他们家搬到了城边的一个平房宿舍区，从家里出来走几步就是刚修好的公路，那是从山西到陕北过黄河的唯一一条公路，每年有大量黄河两岸的物资经此往来运输，而坐在屋里听那种呼啸而过的卡车声，是让他充满想象、很享受的情景。

后来作为导演拍电影，对于空间，他一直在努力让人用听觉来抓取它们所处的方位——是听得到窗外鸟鸣声的幽静环境，还是门外就是自由市场，人来人往做买卖，又或是远处有一个军队，不时会有军号声传来。“这些氛围、质感对我来说非常重要，跟我的叙事密切相关。”

一个普通的观众和千姿百态的众人

作为影迷的贾樟柯和作为电影导演的贾樟柯，对电影的喜好高度一致，类型多元，其中艺术电影和老片子占了很大比重。他也关注同时代的其他电影工作者的作品，例如阿萨耶斯、沃特•赛勒斯、李沧东、黑泽清、河濑直美、是枝裕和，再比如周星驰的喜剧，他一直在看。

他也会欣赏各种风格不一的电影所营造出来的室内氛围，比如《卧虎藏龙》。

“它是一个古装武侠片。它在室内空间的布置上是极简的，极简到了过去白话小说插画的那种程度，但它给我们一种古意，因为它是无中生有的，都不是实景拍摄，而是还原那个年代，所以它的设计思想非常棒。就是说，它能够在我们非常熟悉、带给我们最初古意的白话小说插画的基础上，来构造它室内空间的这种抽象元素，铺得很简单，一桌一椅一窗一格，但是古意跟整个《卧虎藏龙》的氛围融合得非常好。”

在成为导演之前，他把自己当成一名普通观众，坐在电影院里，对着银幕看得出神；成为电影导演之后，他依旧把自己当成一名普通观众，喜欢和数不清的陌生人坐在同一个黑暗而又美妙的空间里，一束承载着千奇百怪故事的光从头顶上空划过，投映到巨大的白色幕布上。

“电影自身有这种魔力，我不会带着职业习惯看电影，观影中的所有感受也都是直观的。电影世界的所有东西我都能接纳，比如说穿帮，甚至有的导演可能叙事逻辑不通，但是他想讲的东西我也理解到了；有的电影煽情煽得好厉害，缺少一些克制，但对我来说也没问题，导演可能是挺有感情的人，确实想让大家感动，但可能用力过猛了，我能明白他的这份初衷，看过去就看过去了。我看电影的时候不尖刻，导演们的性格、控制力各有不同，但都是很诚心地拿自己的情感给别人看，从这个角度来说，我可能做不了一个好的影评人。”

在观影中，他从不试图去记住什么。“真的能让我动心的，我都能记住，比如，《黄土地》里的打鼓，《偷自行车的人》里的父子避雨，《老井》里张艺谋背着石板在山路上面走，《小城之春》里男女主角在城墙上溜达，这些都是永生难忘的瞬间。”

因为喜欢在电影院里看电影，他把平遥国际电影展做成了一个“电影院爱好者”的嘉年华。“放映厅的条件希望是全球最高的，这一点我们也确实达到了。整个电影节设施高度集中，从六块屏幕的影院——最大一千五百座、最小七十多座——到论坛区、新闻中心、售票区，再到公共活动空间、生活区，都在一个相对集中的园区里。”

他不喜欢在购物中心里看电影，不喜欢穿越化妆品、电器售卖区，来到满鼻子都是爆米花味的影院的观影过程。“电影节有一个特点，就是观众需要赶场，因为很多观众一天之内要看三到四部电影。我觉得在一个大的城市分散放映的话，虽然会有很多好的放映设备、放映条件，但也会冲淡电影节氛围的浓度。如果说在一个相对集中的地方，把观众跟电影工作者融合到一起，就可以有很浓的观影体验。”

他也不太会在家里和工作室这些私人空间看电影，很难得看了，就会是自己突然很思念的片子，跟记忆有关。比如前些日子他在家一个人看了《戴手铐的旅客》，那是小时候父亲带他一起看过的一部影片。他的家里更是没有任何电影元素，他说自己“不太喜欢把职业搞得满世界都是”。

出于职业原因，他每年看电影的主要途径是通过电影节，短时间内把近年需要关注的电影集中看完，他认为是很重要的事情。让他留下深刻印象的电影节观影空间，是很久之前柏林电影节青年论坛主会场的那家叫“军火库”或“枪械库”的影院，它坐落在某个街区，整个影院没有坡度，仅仅摆放了一些类似于我们某段时期会议室常用的长条椅，人们随意地坐着，很放松，彼时的九十年代，观众还被允许在影院内吸烟。

“在那种状态下，电影既是思想性的活动，同时又能呈现它的廉价性，电影的魅力也在于廉价，几十块钱就可以看上一场，是很大众性的文化活动，因此让我很热爱这门艺术。”不同阶层、职业和观影习惯的大众聚在一起，有抽烟的、嗑瓜子的、哄孩子的。“只要进入银幕的世界，很多东西不是很重要，所以我不太能理解那种观影的洁癖，比方有人走动一下就好像亵渎了电影，我其实觉得这反过来是对电影的亵渎，电影本身就是在公共的场所，千姿百态的大众用千姿百态去看，那是电影最有魅力的时刻。”

他一直想要让看电影的人很舒服、很放松。“因为我觉得看它的人不是学生，也不是研究者，而是普罗大众。大众就有各色形态——看一半走的，退场的，孩子老哭的，老打手机的。这样的环境对我来说一点儿障碍都没有。融入到这个环境里，我觉得很舒服。”

Zhang Yonghe: My Home is A Grocery Store

张永和：我家就是堆满旧物的“杂货铺”

采访Interviewe&文Writer_于丹　摄影Photographer_杨明

“整个社会处在突变时期，很多人因此对自己的生活有了全新的想象。他们想放弃原来的生活，把整个家拾掇得焕然一新。但这个过程中，往往很容易把自己的过往给丢掉了。”

张永和，生于北京。美国注册建筑师，美国建筑师协会会员，“非常建筑”创始人、主持建筑师，同济大学教授，MIT实践教授。

“一个人如果有文学艺术方面的修养，是能帮助到他去想象的。所以做设计的时候，我也会想，这个是不是有点胡金铨《空山灵雨》的意思。还有电影、摄影、绘画，这些视觉的艺术都是帮一个人通过另外一个人的眼睛——导演、摄影师、画家——看到这个世界的另外一种质量。这个对我来说就很重要。”

“我对物质世界非常感兴趣。实际上所有设计的事儿都跟物质世界有关系。简单单薄的物质享受是无法满足我的。如果我知道了一个物件是怎么来的，比如说知道了一件衣服如何从最初变成现在的样子，我就会觉得拥有它特别有意思。物质需要有精神性包裹于其中。如果一个人单纯地喜欢物质，可能也活得很好，只是我会觉得有点无聊。”

建筑师、设计师的居住空间是否必定充满巧思和设计感？一个普通人的“家”，是否经过设计师的手重新打造成一个全新的居住空间，就一定意味着“更好的家庭生活”？

建筑师张永和的回答是——“不一定”。

相较于许多建筑师，张永和显然是个异类。他在二十年前写过一篇文章，文章的主角“我”常常搬家，虽然每一次空间都足够大，他却丝毫不在意内部的装饰装修，而总在尝试发挥空间使用的最大可能性。

除此之外，他热衷于在家中摆满了各种代表着私人记忆和情感的物品，呈现出宛如“杂货铺”般的面目，而不是像许多时髦的家居杂志图片那样，在一个整洁、拒绝烟火气息的居所里，节制而矜持地摆放着昂贵精致的家具及装饰品，毫无人类活动的痕迹。

“人应该和他的历史、他的过往生活在一起，应该在他的家里能够看到关于他的家庭、他的人生的痕迹和故事。”这是他在自己的生活中一直秉承的原则。因为在他看来，四壁包围之下的居住空间总是会变迁，而各种带有记忆和感情的物品，才真正构成了“家”的氛围。

是为“长物之内，寄寓长情”。

观看视频请扫描二维码

你曾设计过家具，家具摆放在生活空间里，你希望它们可以如何带出张永和式的室内空间感？

如果有一个人买一屋子家具都是新的，而且出自同一品牌、同一系列、同一位设计师，这是我最不希望看到的。其实家这个居住空间不该归属于任何风格，而是由墙上挂的老照片、摆放的老东西等有来历的物件建构起来的一种气氛。一般来说家具常常是属于个人的，搬家也可以带走，而且父亲可以传给孩子。一个家庭没有任何老物件，说明这个家庭经历过变动。在中国，这种家庭特别多，我家就是其中之一。我父亲成年之后，赶上抗日、内战等等，后来孤零零一个人到了北京，他和我母亲的小家庭就很少有老东西。但由于他是建筑师，自己设计了一批家具，给我很深的印象，可惜他也无所谓，都送人了，都没留下来。还好我们现在的家里有我妻子家里的老物件，使得我们觉得是在家里，而不是跟某个设计师生活在一起。

家里的老家具是在使用中，还是仅仅作为纪念？

都在使用。比如曾经金玉胡同的和平宾馆处理老家具，我岳父买了几个沙发，有些装饰艺术的味道，估计是五十年代后期、最晚六十年代初期就有了的，已经被使用了几十年，人坐上去，屁股底下有几个弹簧都数得出来，特别硬，但我们还是用它替换了原有的舒适新沙发。

人们通常认为建筑师的家也多半会充满巧思和创新的设计感，而你家却不是这样？

每个人的生活背后有大的家庭，有个人生活、婚姻的积累等等，因此我觉得一个人如果想保持心理上比较健全，应该要跟自己的过往来历安然共处。我和我妻子在北京住过几个房子，都没有做装修、室内设计，而是把空间进行了改造。现在我们住的房子一点都没改造，我妻子也是建筑师，我们俩一看这房子设计得那么好，就搬进来了。它很舒适，有合理性，天花和墙都是白的，竹子地板。我们在家里堆满东西，完全是无规则摆放，跟个杂货铺似的，有很多书和非常多的小玩意。这么多"破烂儿"都是有感情的，我看见哪一个都喜欢，都会想起自己以前的一段经历。我希望跟有关系、有感情的东西在一起生活。

咱们整个社会处在突变时期，很多人对自己的生活有了全新的想象，他想放弃原来的生活，把整个家拾掇得焕然一新，但这个过程中，往往很容易把自己的过往给丢掉了。假如一个人没有好恶甚至没有历史，可能需要一个设计师来帮助重新开始。如果我听了他的故事，可能我会帮他把历史找回来，而不是给他一个所谓特别好的设计。否则的话，他就像是穿着别人的衣服、住在别人的房子里。

你认为建筑的功能性、居住性更为重要？

我可能说过这话。有两种很基本的建筑体验，一种是人待在里头，叫"住"，所以我在办公室里也叫"住"——当然不是真的把这儿当家，而是说我在办公室可能比在家里的时间还长，在这儿工作加吃饭打盹；还有一种建筑体验是"游"，在美术馆里就是"游"，在里边东看看西看看的同时，也体会到建筑的空间，有展厅，还可能经过庭院，什么都有可能。一个是居、住的体验，一个是游、动的体验。不管设计什么房子，都可以从这两个体验出发。倒不是说"居住"比"游动"更重要，而是通过"居住"来思考，可能更容易想象人和房子的归属关系。

“我就是没在追求风格——表现简单或复杂，这好像不是一个很重要的目标。我的家风格就不简单，堆了一大堆东西。至于我是不是矛盾的，我肯定是，所以我最想做到的，其实就是‘矛盾就矛盾吧’，怎么跟自己待着舒服就怎么去做。”

你们会选择一些艺术品吗？

会。我们家挂的画和照片，都是跟我们生活有关系的。可能有两张例外，一张在加利福尼亚一个小镇上的画廊里买的，另外一张在台北的美术博览会买的，画家是一个刚从学校出来的台湾小伙子。剩下的几乎都是我自己画的、同学画的、父亲画的，老照片有我奶奶的。我在美国念本科的时候有两个同学画得特别好，一个学美术，画抽象画，另外一个学建筑，是香港人，喜欢电影，看了很多黑泽明的作品，所以会画日本武士。

你做过“建筑之名”的展览，囊括了服装、产品，到家具、房屋等七个方面的设计，可以说由内而外地“展示”了一个人的生活空间，你是否也在借此提倡某种生活方式呢？

这是个挺有意思的事儿。其实很多东西都是给我自己设计的，当它们集中呈现为展品的时候，可能会显得有个比较统一的调性，但对我来说，那样展示的居住空间像个舞台，而不是真正的家庭生活。有的建筑师可能不像我这么想，他会想象一个完整的生活，是给别人设计的，并认为别人应该接受它，比如非常重要的现代主义建筑大师密斯•凡•德罗，他设计好了房子，房间里家具的位置也是他来定，他甚至害怕使用者移动，把家具都给拧在楼板上固定住。

有幅特著名的漫画：密斯设计了一幢房子，有人来参观，房子的主人急急忙忙地把日用的东西都收到壁橱里去，壁橱堆得满满的，外头就像密斯想象的那样，干干净净。对于密斯来说，他创造了一个新的世界，尽管他是从古典世界成长起来、走出来的人，可他有一种跟传统决裂的劲头。对我来说，我生活在当下，并不希望跟传统决裂，我恰恰感兴趣的是古代文化向现代文化再向当代文化过渡的过程，我觉得其间充满包容性，能够把人的复杂性和矛盾性诱发出来，因为变动不拘意味着不教条，在一个新世界、新时代里，大家都在尝试，应该怎么穿衣服、吃饭、居住……

你很在意着装，能感觉到你是把服饰作为一个人内心生活空间最直接的外化物。

可以这么说。三四十年代的人，比如西南联大那些老师、学生，他们的样子和穿戴是我最喜欢的，我家老照片里的我舅舅、我父亲等很多人都是那个样子，跟今天大为不同，看着他们，我就觉得自己是野蛮人，快钻地缝了，我还在慢慢修炼。“二战”以来一转眼七十多年，有学者提出文明是普遍败落的，世界各国的人都越发变得粗野，不喜欢、也不可能做到优雅。还有我平时走在街上会特别留意观察人们的着装，不是穿得好看与否，而是穿得是否像他自己，有些人穿的衣服可能是他认为“属于他的衣服”，可是你看一眼就知道那不是他的衣服。

很多人对你作品中的“匠气”感兴趣，好像从很早开始，你就尝试将其发挥到极致。

现在这个时代，常常是概念取代了技艺、敏感性取代了技艺，就是说会看就行了，不一定会做。但是像我们这个行业的确非得要做，即建造，也就在意建造的严谨精神，就是您说的匠气，包括那股呆板劲儿，我其实就是一个特别不灵活的人。我去美国留学是在1981年，说得酸点，我当时对“自己到底是谁，是怎么样一个人”这个问题挺感兴趣的。1983到1984年的时候我尝试改变自己，跟所谓的匠气、呆板做斗争，一定程度上成功了，但可能就是因为成功了，我反而发现那样的我不是我，就特别想回去。那么怎么能更匠气一点？到现在自己仍然还在努力。我们最近在巴黎赢得了一个竞赛，为有百年历史的巴黎大学城设计一栋中国留学生宿舍，有朋友说看过参加竞赛的那几个方案后，发现其中一个看起来笨笨的，就猜测那一定是我们做的。当然他猜对了，哈哈。

Hotels: New Homes in Fast Times

快速时代，以酒店为家

对谈者Interlocutor_梁文道，张智强，Maurice Li
摄影Photographer_杨明、酒店图片由CHAO提供

梁文道，"看理想"总策划，《一千零一夜》节目主讲人，著名作家、媒体人。原凤凰卫视《开卷八分钟》节目主持人，《锵锵三人行》常驻嘉宾。

张智强，当今建筑、室内及产品设计领域里最具影响力的人物之一，钟情于体现极致的适应性和敏感性的转变式设计，作品着重空间的灵活性，以及艺术与实用性之间的相互作用。

Maurice Li，CHAO联合创始人兼品牌总监，曾任李奥贝纳品牌总监，Kabam公司手游制作人兼UX设计师。

在发明轮子和独木舟之前，人类就已经进行了数百万年的迁徙和旅行。可以说，整个人类的历史就是一部关于迁徙和旅行的历史。随着这一过程，人类的居住空间被带到各种不同的地方。固定下来的居住空间叫做"家"，而越来越多的人在不同的定居点之间来往交互，由此产生了最初的旅馆和酒店。

人类的社会进程、生活方式一直在不断演变，第一次工业革命之后，人类获得了越来越快速的移动工具，不同地区之间的人员流动也愈加频繁，各种新的观念在碰撞中产生、传播。作为"家"以外最重要的人类居住空间，旅馆和酒店的形态也一直在飞速变化。

时间行进至二十一世纪，"移动"已经毫无争议成为这个时代最重要的关键词。现代人比过去任何一个时代的人都能更加自由地前往异地，以至于在许多人的生命里，旅馆和酒店甚至已经取代了"家"，成为最重要的居住空间。在这个高度集中了人类的私密行为和公共行为的场所里，生活被赋予了更加多元化的内容。

这一场汇聚了梁文道先生、张智强先生及Maurice Li先生的对谈，旨在探讨人类在"酒店"这一移动时代室内生活空间里的更多可能性。

酒店是否需要“家”的感觉

梁文道：我们三个人很奇怪，都喜欢住酒店。Maurice运营CHAO酒店。张先生参与过很多酒店的设计，同时还是个酒店发烧友，你住过一千家酒店对不对?

张智强：对，我住过一千家酒店。所以我的家真的可以作为Airbnb。（笑）

梁文道：我的家也可以。一年有两百多天我都住在酒店。但我们俩不一样，我是因为工作被迫长期住各种酒店，你是喜欢去住各种酒店。因为我们这次主要谈室内生活，一谈到室内生活，大家很容易想到“家”，家的环境才算是“室内生活”的环境，可是酒店，难道不算是室内吗？正好我们三个都是跟酒店经常发生关系的人，所以我就想问二位一个问题：很久以前很多酒店就开始在标榜“我们酒店可以让你有回家的感觉”，比如中国目前最大的一家连锁快捷酒店，我想知道，你们喜欢这种“回家”的感觉吗?

张智强：当然这种理念有好的地方，很多人也会喜欢这种感觉，但是如果我住在那种快捷酒店里，就会有一种被人绑架的感觉。（笑）我理解的“像家”，应该是给你一种安全感。虽然你住在这里觉得陌生，但它会给你一种安全感，并不是它的样子长得像一个家。

梁文道：你家就在香港，但你在香港还是会去住酒店。其实你在香港的家已经是一个很著名的作品了，很多杂志都刊登过，你在一个三十二平方米的家里住了四十多年，每过几年就把它重新装修一次，让它像变形金刚一样变化出不同的东西。你长年住酒店，你的房子也很像酒店，你还会追求酒店“像家一样”的安全感吗?

张智强：我这个人挺另类的，我追求的安全感是新鲜感。熟悉反而会让我没有安全感，哈哈。我曾经九天住了九个酒店，每天都换一个。

Maurice：其实酒店是一个很有意思的行业。刚才说的“像家一样”，我强烈反对的是“like going back your home”这种感觉。因为住酒店最舒服的一个地方就在于不是你自己家的感觉，比如毛巾可以乱扔。（笑）家的感觉，是归属感，还有安全感。所以我们经常说，这里像是你一个朋友家里，是随意的。你可以有一个归属感，但更放松，而且有人在照顾你、帮助你，在这个陌生的城市里，你不会感觉害怕。如果你出差或者旅行，还是感觉住在自己家里一样，那多没意思啊。我觉得酒店“家”的元素应该是归属感和安全感。

梁文道：为什么很多人会追求这种“回到自己家”的感觉？我觉得这种人可能是很讨厌出差，很讨厌旅行的人，他才会需要有一个熟悉的空间。所以你看很多老牌的大型连锁酒店，很早就界定了酒店的房间格局，都是相似的，就算黑着灯，也可以知道卫生间在哪儿，桌子在哪儿。这样虽然它不是你的家，但可以给你一种安全感、熟悉感。比如说，有人每年有一半的时间住在Holiday Inn，他就会觉得太舒服了，因为不管是在芝加哥还是纽约，房间的格局都一样。

我也遇到过喜欢把自己的家弄得像酒店一样的人。比如我台湾的一个朋友，非常有钱，家里装修非常好，但是他还是很喜欢住酒店。他找了一个很资深的建筑师帮忙设计新家，在台北天母的一个别墅。有一天晚上我们去他那个新家，开house warming party，晚上喝多了，他就开始骂那个建筑师：你这房子怎么盖成这样！你看这个浴室！连个毛巾架都没有！你说这怎么住！那个建筑师就说了：你都这么有钱了，又喜欢住酒店，还需要挂毛巾吗？你就用完了扔地上等人来收拾换新的啊！哈哈……这让我想起刚才Maurice说的，酒店让人很舒服，恰恰是因为它的一些感觉是家里给不了的。

张智强：很多人家里可能还有这样一个问题，可能不管面积多大多小，东西都会很多很乱。酒店就不会有这样的问题。你会发现它东西都很齐全，但又都很整齐，很干净，挺享受的。自己家就没办法达到。

梁文道：这是你们建筑师的一个通病吗？喜欢这种样板间的感觉。因为现代建筑最大的一个问题，就是最好的建筑永远给人感觉是没有人住在里面的。你看像Ludwig Mies van der Rohe的Barcelona Pavilion，没有人最好。建筑介绍最理想的照片都是没有人的痕迹。但这反过来是不是也恰恰说明，我们日常家里的东西太多了？酒店就不可能有这么多东西，一定是刚刚好。

Maurice：我们在开业之前，也自己先试用了一段时间，发现各种问题然后解决掉。因为空间是给人用的，那就要考虑到各种东西的用途。比如化妆桌，很多女性顾客就会觉得酒店有一张专门的桌子给我好好地化妆，很贴心。电视也是，我们觉得在床上看电视好像不是很舒服，就换了一个位置。很多事情都是一点点实现平衡。

张智强：对，家也是一样，参观一般都发现不了问题，必须要住。住一晚上也不能发现全部问题，必须要住很多个晚上，才能知道哪里好哪里不好。所以我觉得参观样品房，看十几二十分钟是不能看出很多问题的。

CHAO

新观念的引领者&城市文化的名片

梁文道：Maurice，你们做酒店怎么判断哪些东西是必要的，哪些东西是不必要的？比如说，现在很多新的酒店都喜欢在卫生间的镜子上装一个液晶显示屏，好像不装都不够时髦。你们是怎么看的？

Maurice：我很反感这样。我们每天面对的屏幕已经够多了。连照镜子都不能避免这样的刺激，我觉得有点过了。很多新出来的东西其实都是噱头，所以选择不用什么东西，比选择用什么东西更重要。我们要考虑到自己的品牌，我们是一个巢，是朋友的家，是温暖的，实用的。

梁文道：我想起十九世纪，美式酒店刚开始的时候，它在很多城市起到很特殊的作用，因为酒店主要是为旅行者服务的。当一个城市开始拥有一个酒店，它就逐渐成为了这座城市的窗口，让本地人看到来自各地的人，甚至外国人，听到他从来没听过的语言。慢慢很多本地人也开始喜欢来酒店，这样就导致了整个行业开始改变。因为以前大多数是"旅馆"，给外面来的人一个房间睡，吃一顿hot meal。但是后来他们发现，原来本地人也喜欢好的酒店格调。当本地人和外地人在这里相遇，这个地方就变成了一个公共空间，于是开始有会议厅，有Lounge等等，公共性越来越强。当年美国的很多政治和社会运动，是跟酒店密切相关的。因为你要搞运动，就要住酒店。酒店其实是一个innovator，会引领很多新观念。

Maurice：很多美国的小镇，他们当地的Inn就是他们的市中心，外国人在那里住、吃饭，晚上和当地人在酒吧里喝酒。

张智强：大部分香港人的很多时间也都是在酒店度过的，比如去酒店吃个饭。比如我选择办公楼，一定要在酒店旁边的，这样如果我要开会，就可以去酒店的会议室。这样就刨去了一个很大的场地成本。

Maurice：很多人问过我喜欢哪个酒店，我最喜欢的其实是香港的文华酒店。因为它也是一个行业代表，大品牌，很多大的事件也都发生在里面。它就是整个城市的客厅，你在那里招待朋友也很放心。从小这个地方对我造成的印象很深刻。它的房间是最好的，咖啡厅也很好，让我觉得，这就是香港。

梁文道：讲到文华，我之前请朋友来香港玩，我安排他们住在文华。文华大概有四五部电梯吧，那天很意外，坏了一部，封起来了。剩下的其实还能用，也不用排队。但是那天他们回酒店，电梯门一开，外面就站着一个服务员，旁边是香槟，服务员看见他们，马上倒了两杯香槟迎上来说，太抱歉了我们今天坏了一部电梯，真是辛苦你们了，麻烦你们了。我的朋友太震惊了，因为这就意味着，在每一层都站着一个人，都准备了香槟，每个人从电梯出来他都要这样致歉。

其实这件事跟我一点关系也没有，但当我朋友跟我说，我就会觉得有面子，因为这是我们香港最好的代表。可能他来香港玩几天，在其他地方会遇到不愉快的事，但大部分时间，睡觉的时间是在酒店。所以酒店不但是城市的客厅，城市的代表，也是你在一个新城市里花时间最多的地方。我们都没法过另外一种人生，也不可能到每一个城市都住别人家里，更不可能在每一个城市都有自己的房子，但是住酒店就好像是有了体验另一种生活的方式。在不同的城市住不同的酒店，就相当于他们用当地最好的地方给我提供一个最好的居住方式。

Maurice：对，很多长期在外的人，其实最奢华的就是能体验各种不同的生活，而不是用什么名牌。比如安缦，它就做到了。它坐落在每一个城市最有代表性的地方，每一座都不一样。所以我觉得体验不同的生活，才是最奢华的一种旅行方式。

梁文道：因为我是一个老派的人，我需要长期住在酒店，每到一个地方就需要在最短时间内开始工作。我很多工作是在酒店里完成的。时间长了以后，我反而发现很多老派的酒店我很喜欢。我很怕去一些design hotel，因为很可能没有一张书桌可以工作，然后灯光也都是不适合工作的。我住了一天马上就要搬走。最后我住的都是一些别人觉得很土的酒店，像我去东京，还住在Imperial Hotel，去伦敦就住在Claridge's 酒店。我很重视礼宾，因为我要吃饭。我对比发现，新潮酒店的礼宾一般都比不上老牌酒店，尤其是在欧洲，以及日本。

张智强：所以我觉得可能我的晚年都会在酒店里度过，哈哈。

“人性化”比“豪华”“高端”更可贵

梁文道：Maurice，你做酒店，是不是也很喜欢住酒店，经常住酒店？

Maurice：对，我很喜欢旅行，因为工作原因也经常住酒店。我工作的时候一般在咖啡厅，我喜欢有背景音，喜欢看着各种人，看他们穿什么衣服，跟他们交流。太安静的环境我反而没办法做事情，所以好的公共空间更能吸引我。比如纽约的Ace Hotel，不管你喝不喝东西都可以坐一天。房间里我觉得最重要的就是床和淋浴，因为出差我一定要睡得舒服、淋浴很舒适。电视机有没有无所谓。

张智强：我觉得很奇怪，我自己家的床其实已经很好了，可是我住很多酒店，还是觉得他们的床比我的舒服。（笑）所以我觉得还有心理的因素。可能因为出差、旅行时比较累，比较容易睡着。

梁文道：你过去的旅行经验，跟你做酒店有什么关系吗？

Maurice：当然有，我觉得都是累积出来的。我们团队比较特殊，有不同的文化背景、国际背景，有建筑师、设计师，我是做品牌出身的，所以比较重视沟通。背包旅行，住地上、沙发上、五星级酒店、安缦，我都有体验过，所以能从里面抽出一些对的元素。但我学到的不一定都是高端元素，比如有一些hostel，做社群就做得很好，比如阿姆斯特丹的Generator，他们做很多有关当地音乐和艺术的活动，让人很开心。

张智强：对，我也去过，真的很开心，还有日本的Nine Hours Kyoto，很厉害。

Maurice：我觉得现在的酒店不需要都像高端酒店那样，穿晚礼服才能出席，而是越来越年轻化了。工作和生活的界限其实也越来越模糊，我需要一个好的办公地方，但同时也可以喝杯酒。所以酒店产品出来的过程也会经过很多探讨，这样做是否正确，现代人的生活是不是这样。

张智强：我觉得最有意思的酒店就是不贵的旅行酒店。其实超五星酒店已经有点饱和了，给你的东西太多了。有些酒店不一定所有的都给你，但是你要的一定可以给你。比较人性化。

Maurice：可能很多酒店已经太程序化了，少了惊喜，像机器人在运行，缺少了人性化的东西。感觉进去之后，办入住，进入房间，什么都准备好了，让你觉得自己也很机械化。我觉得重要的还是和人接触。我是很反对机器人check in，你收了我那么多钱，我旅行也很辛苦，有个人来迎接我是很重要的。我看到机器人只会觉得，这家酒店要么是为了省钱，要么是为了噱头。

梁文道：现在很多机器人check in或者自助check in的酒店，最多的还是那种爱情酒店。（笑）住户不想被人看到。

张智强：我住过一个酒店，叫Sweet Time，在意大利米兰很好的一个区，建筑师也很有名，但就是一个员工都没有。他们在你入住之前两天会给你发一个邮件，告诉你大门的密码。我当时就觉得很有趣，也正好那段时间我不想见到什么人。它就是让人感觉住在自己家里。门背后有一个notice，写着，如果你有问题，可以打这个电话求助，但是下一句话就是：但是尽量不要打给我。后来我的门出了问题，自己弄了很久才打开。我几乎要报警了。（笑）

酒店是生活和时代的一面镜子

梁文道：我们再回到前面说的，可能很多人看到好的酒店设计，很新潮的设计，会希望把它们融入自己家里。但更重要的还是看你要过什么样的生活，而不是要什么样的灯。你的房子能不能包容你的生活，就像一件衣服一样，让你穿上之后舒适体面，像是你生活的容器。

张智强：对，我就遇到很多客户，给我准备很多资料，都是他们在各种酒店拍的图，让我做成那样。我觉得其实最重要的还是你要知道自己要的是什么。你要有一个概念，才能把所有的东西都装起来。

Maurice：我们现在在谈室内生活，其实很多人都没有研究过什么是室内生活。比如室外生活，很多人去户外，去camping，去巡山，但是室内确实没有太多人去研究，到底我们的生活场景要怎样才比较理想。张老师你也接触过很多客户，他们提出各种要求，那你有没有反问过他们，他们理想的生活是什么样的？

张智强：会的，我会希望他们列一个清单，比如你用左手还是用右手，这些也是很重要的，因为要选装水龙头开关。还有你吃中餐还是西餐，你的衣服有多少，书多不多，有没有唱片。很多客户是这样的，第一天说：我都没有问题的，你怎么做都行。开玩笑，怎么可能？过几天又跟你说：我忘了告诉你，其实我有什么问题……

梁文道：其实每个人在住酒店的过程中都在摸索，自己要过什么样的生活。比如我，我其实在生活中不需要沙发，这个也是我在住酒店之后发现的，我最需要的是一张书桌，或是一张大餐桌，可以用来工作。但有的人可能就极其需要沙发。我一个朋友，他看到日本那种整个家围绕一张很大的餐桌为中心的设计，觉得很喜欢，就找了一个设计师给他设计这样的房子。做完之后他发现自己完全无法接受，因为那么大一个桌子，除了吃饭，还要一家人在上面工作学习，像一个联合办公区。

张智强：那不就像我们小时候吗？香港房子都小，我们没有单独的饭桌和书桌的，一家人都挤在一个桌子上，还可能会因为用桌子而吵架。所以我们的家庭关系都是很紧密的。

梁文道：所以一个人成长的环境决定了他长大以后对自己空间的要求。这又牵涉一个问题，每个人成长背景不一样，那他们对酒店的要求也都不一样，都带着自己的生活习惯而来，比如门该往外推还是该往里拉。所有不同国家的人都涌到一个酒店里，你要如何去满足这些人？

Maurice：其实要满足所有人是不可能的，是一定会失败的。我们都说，不要do the right thing，而是do it the right way。因为前者永远做不到，但后者是态度。你可以告诉他们，要不你试一下这样。这是我们关于生活体验的一个表达方式，也是希望你去欣赏，去享受。我觉得真诚去表达，才是更重要的。有很多连锁酒店，他们太想去满足所有人了，结果不上不下。

张智强：现在很多酒店品牌的定位我都听不明白，每个人都说，超豪华、最私密，你在这方面做了什么我却不知道。

Maurice：现在人们会更多强调connecting to the local，让你融入当地的生活。所以Airbnb刚出来时，很多酒店都如临大敌，因为它真的能连接到local，我有当地的群体来招待你，欢迎你，这种体验是完全不一样的。

梁文道：我就很喜欢去住各种地方用当地传统房子改造的酒店。因为很多国家都有自己的旅店传统，不一定是现在我们所熟悉的美国式的酒店标准。比如中东国家，就有一套自己的居住方式。它会影响到酒店的空间。我住过一个摩洛哥的酒店，它没有沙发。因为他们传统的生活就是没有沙发，是坐在地上的，有很厚很多层的地毯和三角形的靠垫，茶几很小很矮。我进入酒店之后觉得很有趣，因为跟我们熟悉的风格完全不一样。

日本也是，他们的家具都很轻，都是很方便移动的，而且他们的窗一定会透光。无论你多晚睡，早上一定很早醒来。但这些就会让你看到，原来这个地方的人是按照这种传统活着的，他们的生活观念跟我们完全不同。比如说他们都是木头房子，其实是很冷的。不像瑞士的房子，一定要密闭，要挡风才能暖和，室内也很暗。日本在很冷的地方还是这样做房子，那他们强调保温的方式就是洗很热的热水澡，地下要有个凹陷下去的地方搁暖炉暖脚。

你看中国北方，山西要住炕。所以在中国北方，如果有人从这个角度来考虑酒店，做一个有炕的酒店，我觉得会是很好玩的。

张智强：所以北方人的传统家庭观念更强。一家人都住在炕上，暖暖和和，你哪儿也不想去。

Maurice：我经常想到，我们现在每个人家里渐渐失去了一个中心点，比如西方的开放式厨房是一个中心点，中国北方的炕是一个中心点，或者日本是烤火的炉，大家聚在一起取暖，烤东西吃。现在大家都待在自己的房间里，各自玩手机。

梁文道：我们整个的生活方式变了，接下来的空间也都会变。假如说未来的人都是这个样子，所有人都是躲在自己的房间看着手机屏幕的话，说不定将来一个家里的客厅或者饭厅就会被取消掉。

张智强：这已经是个趋势了。现在很多设计都已经把中心点从家里拎了出来，放到外面的公共空间了，外面的公共空间也变成了家的一部分。

梁文道：我也注意到一个现象，近年大家在各自家里的中心点已经被打散了，都待在各自的房间里，但是越来越多的酒店希望把人们聚集到一个公共空间里。

Maurice：因为人的归属感、社交属性是天生的，也是必需的。现在的人都很孤独。你看北京，两三千万人，但其实大多数人都很寂寞的。反而在原始社会，大家聚在一起，感觉没那么孤独。其实人的这种需求，跟远古时期比也没什么改变。

观看视频请扫描二维码

K Y O T O

社会化大生产的工业社会，一切产品都可以在机器流水线上快速完成，日本却依旧保留了大量的传统手工艺作坊和匠人——在机械、智能技术强势的今天，他们的群体也在日渐缩小。此次，日本作家吉井忍特别探访五位堪称日本“国宝级”的传统手工艺匠人，将他们鲜为人知的一面呈于世人眼前。

京都 · 匠人

ARTISANS

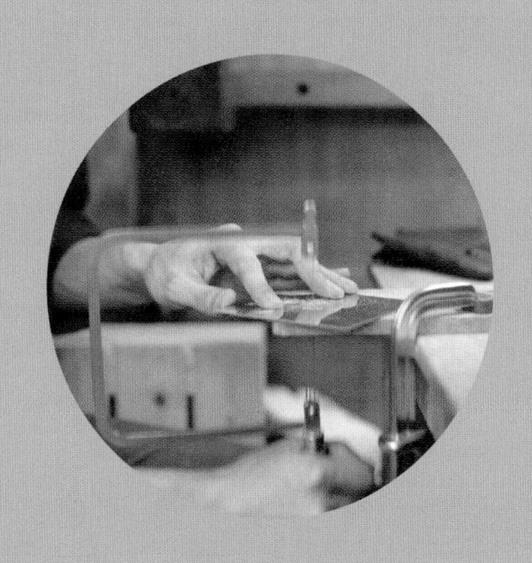

Ichizawa Hanpu: Good Stuffs Worth to be Repaired

好东西值得修：一泽帆布

四代目一泽信三郎专访

文_〔日〕吉井忍
摄影_吉井忍、部分图片由一泽信三郎帆布提供

京都一家咖啡店老铺外的帆布制邮箱。

从祇园四条站出来，走四条通到八坂神社往左转。一路上有不少商家、咖啡馆和普通民宅的外墙上都挂着一个布袋，上面印有“POST”：黄色、红色以及褪色而成的粉红——让人想起鸭川河畔的樱花。步行七八分钟即是一泽信三郎帆布（以下统一为一泽帆布）店面，与店员聊起才知道，那些布袋都是一泽帆布制作的邮箱。店里自用的当然也是这一款，在电邮、社交网络、电话这些通讯工具相当普及的今天，我们很少拿起纸笔写信，但一泽店铺的这个布袋邮箱，每天还是会收到不少信件。

“不好意思用到这么破旧才寄来。丈夫每天都用，一直没机会寄出。”

“我一直把贵店官网上的照片做成手机屏保，很高兴终于收到贵店的帆布包！”

“孩子出生之前，丈夫送给我贵店的布包，里面放着奶瓶、毛巾、帽子……它陪我度过整个育儿期。现在孩子长大了，我又出来工作，还是每天背着它。它陪我的时间比孩子更多呢。”

除了顾客信件，一泽帆布不时还会收到年轻人的自荐信。据这里的员工介绍，想加入职人团队的年轻人络绎不绝。但因为职位有限，而且辞职的人几乎没有，于是有些年轻人干脆搬到京都找一份临时工，边工作边等待一泽帆布的求职机会。

一泽帆布收到的顾客信件。

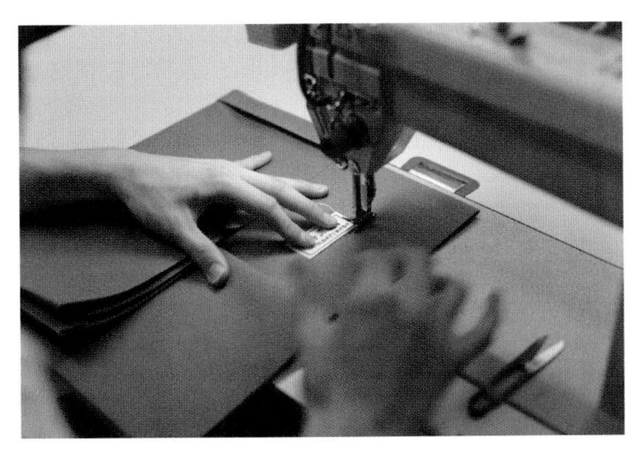

一泽帆布的职人为“看理想”布包缝上标志。一泽信三郎先生道：“布包上有这个，等于是我们的品质保证。”

一泽帆布的优点说起来很简单：上等原料、纯手工制作、质量优异、坚固耐用。拿在手里的感觉让人非常安心，放进笔记本电脑、电源和一本书后，拎起布包，完全不会走形。店里挂着的布包多达上百种，以至于店主自己也数不过来。但不管是哪一款，这里的布包都有一种统一感，设计朴实、针脚细密，这是职人们细心设计、研究出来的成果。另外一点让人被吸引而放心的是这里的品质保证，再旧的布袋，都可由职人为你维修。一泽帆布[1]于明治三十八年（1905年）创立，在社会上出现“售后服务”意识之前，该店已经为顾客承诺终生保养。

但是，也就仅仅如此吗？世界上有这么多布包，就拿托特包（tote bag）来说，国内手工品牌、海外名牌、杂货店各处都能看到，帆布制作的包也算是稀松平常的物品。为什么在“职人之城”京都还有专业人投入布包制作？为什么一泽帆布的布包能够让人产生强烈的占有欲，以至于忽略价格？本人带着这些疑问，踏进他们的工作坊，向店主一泽信三郎先生当面请教。

---

1 2001年，“株式会社一泽信三郎帆布”的前身“一泽帆布”的第三代继承人一泽信夫去世后，在兄弟之间发生了继承方面的纠纷，经过多次裁判和上诉，经2009年最高裁判所（日本的最高法院）判决，三男信三郎获得公司经营权，公司于2011年恢复营业。目前“一泽信三郎帆布”有三种标签：“信三郎帆布”“信三郎布包”“一泽帆布制”。

京都人喜欢“新鲜物”

说起一泽帆布的特点和人气，要追溯到一泽家的先代们。第一代一泽喜兵卫生于1853年，与“黑船事件”同年，当时美国将军马修•佩里（Matthew Calbraith Perry）率领四艘军舰开到江户湾。第二年美国“黑船”再次来到日本，佩里赠给幕府的礼物中有缝纫机。也许是某种缘分，一泽家的每个孩子都在缝纫机的“咔答、咔答”声中长大。在“文明开化”的时代氛围下，喜兵卫喜欢时尚，爱追求新鲜事物，三十多岁创办“西洋洗衣店”，驾驶马车到医院和警察局收取西式制服清洗。也参加过“京都乐团”，穿着西服吹进口单簧管。

当时他兴之所至的还有缝纫业务，这份工作被喜兵卫的儿子常次郎继承，成为京都人所熟知的一泽家业。京都有各行各业的职人，几乎每家都需要袋子。于是常次郎为他们用帆布做出工具袋、配送袋，并帮他们印上各家牌子。职人腰上系着的、自行车外送员身上挂着的这些袋子，又实用又有广告效果，一时颇受欢迎。

第三代继承人信夫也热衷于海外文化。战后日本采用1美元兑换360日元的单一汇率有二十二年之久，对一般日本人而言，到海外旅行是相当奢侈的事情，但信夫游历了欧美国家、土耳其、埃及等地，一路热心研究当地产品的设计。这段时间，一泽帆布最有人气的产品并不是布包，而是登山用的背包和帐篷，受到全日本登山爱好者的追捧。一泽帆布的店铺也变成京都大学登山部的交友中心，总是有年轻人在这里看包、畅谈大自然和爱情。

“如果当时爷爷只想赚钱，只做登山用品，就没有现在的公司了。”一泽年轻一代、信三郎的女儿佳织（Kaori）女士说道。原来好景不长，盛极一时的帆布登山用品，在日本迎来工业时代后，马上无人问津。由于采用化学纤维的登山用品快速普及，一泽帆布的产品被视为落后于时代。但一泽信夫生产登山用品的同时，也让职人们生产自己在海外看到过的“很好看的布包”：托特包。到上世纪七十年代，日本现代化告一段落，《popeye》、《anan》、《家庭画报》等时尚杂志开始寻找新鲜物品来吸引读者，一泽帆布的布包得以再次进入人们的视野，并从登山圈踏进一般消费者的市场，并延续至今。

一泽信三郎先生是一泽帆布的四代目，三个兄弟中的老幺。生于战后不久的京都东山地区，从当地名校同志社大学毕业后，就职于大阪的朝日新闻社，1980年离职后回老家做事。一泽信三郎的太太笑眯眯地跟我说：“当时只知道自己和上班族结婚了，想都没想到会变成京都老铺的老板娘。” 据一泽帆布的职人们介绍，这里曾经只有十位员工，生产速度很难跟上销售速度，存货到下午就会卖完，“更像是卖团子店”的小企业。等到信三郎接棒后，他们一步步增加员工，先雇佣一两个年轻人，等他们学会后再雇用几个，如今员工数翻了三倍。

头戴毛线帽的一泽先生，一副银色细框眼镜后面传来柔和的目光，且不太会碰撞别人的视线。当我们聊起布包维修服务时，一泽先生眯眼微笑道：“我们布包可以修，但我的脑子不行，到了这里的职人也无能为力的程度。” 说完大笑起来。谈起“看理想”的双筒望远镜，他点头道：“这个我需要，因为自己看不清未来，总是跌倒。” 看来不只是京都女子的软语，男子口中的京都话也别有一番韵味：逍遥自在、温文尔雅，听者一不留神，就会发现自己踏进了对方的步调。

左.据介绍，创办人喜兵卫喜欢新鲜事物，但稍微缺少商业才能，他着手的事业广泛，而最后剩下的只有缝纫事业。右.信三郎先生道：“很多人认为京都人很保守，其实京都人喜欢新鲜物。很多老铺的血脉里，都有这个基因。”

一泽信三郎

一泽帆布的四代目，生于京都市东山地区，毕业于同志社大学经济学部。毕业后就职于大阪的朝日新闻社，1980 年离职后回老家做事，1988 年正式继承家业。在京都的经常出没地点为南禅寺[2]。

采访时间：2017 年 6 月 8 日

一泽信三郎（以下为一泽）：谢谢你远道而来，辛苦了。

吉井忍（以下为吉井）：哪里，很高兴有机会采访您。听说您去过北京？

一泽：二十多年前的事了，是一趟员工旅行，我和妻子，还有工作坊的全体职人一起到北京。当时大家基本都骑自行车，下雨天人们穿起一模一样的雨衣，相当壮观。还有一点印象很深，当时的北京进入建造热潮，到处都在盖楼，很多施工现场用竹子来做脚手架。

吉井：现在的北京，有些施工现场还用着竹子呢。竹子的纤维有适当的柔韧性，受冲击时能够吸收外力，而且也不像铁架容易生锈。

一泽：是吗？上海也去过。只是现在我都不怎么出门，但像诸位这样，从世界各地来的朋友们所带来的信息都很有意思。说到中国我就想起，我们顾客中有一位摄影师，之前负责NHK的节目《丝绸之路》[3]，就是那一系列轰动日本全国的纪录片，我也喜欢。他最近在印度、欧洲等地拍摄，用我们的布包有三四十年了吧。有的布包用到相当破旧了，但因为出门在外，有时候会先请当地人补修。我们收到他邮寄回来的布包后，会先把在印度维修的部分统统拆开，再开始修补工作。

透过维修看见生活

吉井：制作一个新包得花时间，再加上帮忙维修的话，对职人来说会不会负担过重？

一泽：若客人想要的包卖断货，那就只能等一两个月，这里的职人确实比较忙。而从难易程度来看，维修所需的人工甚至超过做一个新包。但是呢，我们不认为维修是负担，大家把布包带去很多地方，旧了也不轻易扔掉，对我们来说真是非常光荣的事。维修这件事已经是我们生产的一个环节。

店里有这么多种包，我已搞不清楚到底有几种。但我们店里并没有所谓的设计师，每一个包都是全公司七十个人一起设计出来的。我们店的销售人员，他们其实有很仔细地听客人的意见。客人说“这个包好像有点重”“放口袋的地方有点不方便”“把手太长”之类的话，开会的时候他们都会提出来。这些话累积起来，就会变成一个idea。我们很重视“对面贩卖”这一方式，重视人与人面对面的沟通，而从不会让客人或职人填写调查问卷之类的东西。还是实际生活中的感受和简单的日常对话会带来更多启发。

吉井：刚才我在店里遇到的一位销售人员，他说之前是在工坊做包的职人。

一泽：有时候我们让职人在店里负责销售。我们公司没有设计师也是一样的道理，邀请一个大学毕业的专业设计师，让他坐在“设计部门”画图纸，这样只能做出无聊、肤浅的东西。我认为呀，关于“创新”，有些人是与生俱来的，还有不少人是在每天生活中磨炼自己的创造力。我需要的职人是后者。

要做什么样的布包，哪种包大家会喜欢，答案都在我们的生活里。比如，装在自行车前面的帆布包。设计阶段，我找了一些骑自行车上班的员工，因为他最会琢磨骑车的人会想要什么样的包。他们提出的建议都比较实用：“自行车用的布包别家也在做，但挂在车上的勾一般是橡胶制的，但橡胶总会劣化，还是用绳子比较好。”“每一台自行车钢管粗细不同，系在车上的绳子长度如何调整？”“布包要多大？”“至少得能放便当盒、热水壶、帽子和墨镜吧。”就这样，我们的帆布包出来了。比如职人有了小孩，她自然会去想适合育儿时期用的包，放什么东西、要放多少。有些员工要去海外旅行，发现有些地方治安不好，布包上面还是需要拉链……

2 南禅寺（Nanzen ji）：位于京都市左京区，1291年为龟山法皇（1249—1305，第九十代天皇）创建。是日本最早的由皇室发愿建造的禅宗寺院，为日本禅宗最高寺院。现以秋日红叶而闻名。**3** 《丝绸之路》：日本NHK电视台和中国中央电视台联合制作的系列纪录片《丝绸之路》，1980年开始播放，每月一集，介绍从西安到巴基斯坦的丝绸之路，共十二集。新世纪音乐家喜多郎（1953— ）以电子合成乐器（synthesizer）所创作的同名乐曲也风靡一时。

还有很重要的一点是，我们的职人都会参与维修。他们亲眼看到布包的实际使用情况，最容易坏的地方在哪里，为什么，如何改善。这些问题都会出现在眼前。所以，职人最清楚每种布包设计的优缺点，我们讨论新产品的时候，他们总有好的建议。另外，因为知道将来会维修这些产品，设计新产品时，我们就提前考虑维修步骤。比如，布包某个部分用一块布做起来比较省事，但我们又想，到维修的时候这里还是分开两个部分比较好，那我们还是会选择分成两块布来制作。

我们会把客人和职人的意见汇总起来设计一个新产品，然后试制一个样品。样品先让几位员工用一个多月，之后他们提交修改建议。我们也会详细讨论纽扣的位置、把手或绳子的长度、面料颜色等等，进行最后调整。

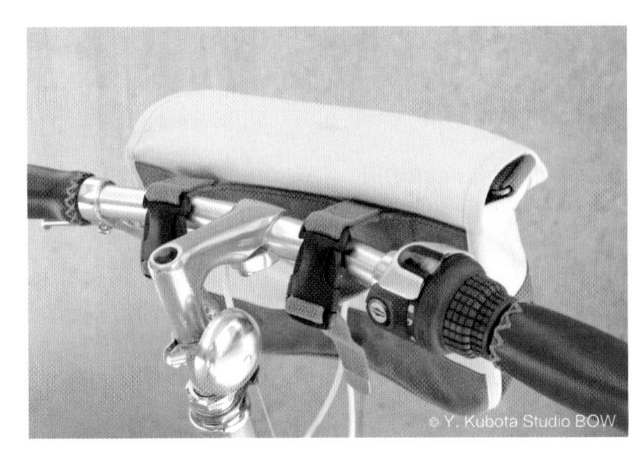

自行车用布包，一泽帆布的人气产品。

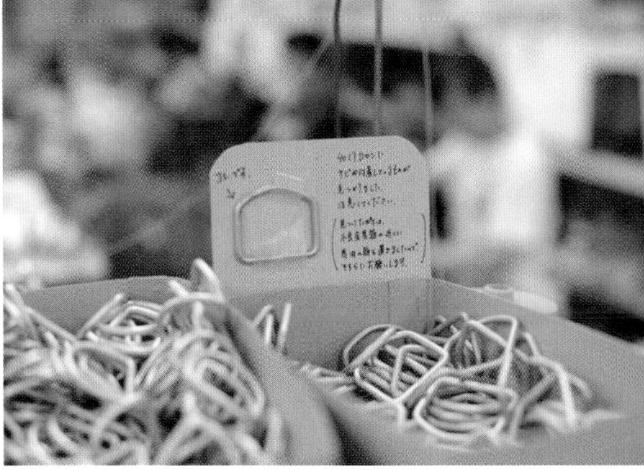

左.两人一组的职人工作场景。信三郎说：“我们的缝纫机是脚踏的，这样针脚比较柔软。”右.“请注意零件的生锈。”在工坊里经常能看到手写的字条。

二人一组的制作过程

一泽：所以，我们的布包看起来很朴素、简单，但不可以随便改尺寸或形状。有些客人在店里看到一个包，希望把侧边幅度加大一点，他们以为这是很简单的事情。但这一小部分的变化会影响到整个布包的承受力量，也许把手会容易受损，也许放东西之后布包更容易变形。虽然我们职人就在附近进行生产，但店里现有的产品不能随便进行修改。

也有人跟我们说想做特别设计的包，一个就好。这很难，也是同样的道理。做一个包，首先要设计，做一个样品试一试……一种包只做一个，裁剪布料时难免浪费。而且，你也在我们的工坊看到了吧，我们不是一个职人从头到尾做一个包，一般都是两人一组，分工裁剪和缝纫。若只做一个，那么另外一个职人就闲下来了。特别设计的包也得至少五十多个起方可制作。还有呢，做了一个样品试用，之后都需要改良。这意味着，在设计图上看起来是不错，但很多时候实际出来的产品不见得完美。最后做出一个包，若客人不满意，我们也难以开口说，“这本来就是您想要的”。你说是不是?（笑）

吉井：在贵店工坊看到两排双人一组的职人们，规模也不小。

一泽：用缝纫机的职人已经有相当的经验，另一位给帆布做记号、准备辅料的职人叫“下职”。我们并没有所谓的制作指南或手册。也就是说，抵达产品最后状态的过程，是让职人自己想。若你觉得口袋要先缝上，那就先缝好。也有人觉得最后缝上比较顺手，那也可以。这样，职人的能力才会提升。只要最后做出的包有整体的水平，我就希望职人自由地使用自己的脑子。但我经常跟他们说，不要满足于今天的成果，要想尽办法，看看下次怎样做得更好。

人并不是机器。现在很多人被机械操纵，而不是人去操纵机械。我们这里也有机器，但还算是保留“人操纵机器”的程度。很多工厂里的工人，只负责一个步骤，比如，一整天只做包的把手部分，这样的话他们弄不明白自己负责的东西最后会成为怎样的产品。这样工作起来一点都不开心，没有趣味，人也很容易感到疲劳。我们的职人呢，能够感受到用双手做出好东西的满足感。

好在我们并没有和百货公司之类的地方长期合作，并没有每个季节都得发表新作的压力，慢慢花点时间生产出质量可靠的东西就好。我们公司呢，首先要开心，大家情绪好最重要。所以我们工坊没有制服，也没有每天要做多少只包那种规定。我不喜欢强制别人做事，不喜欢用数字来判断人。我对职人没什么特别的要求，就跟他们说“把东西做好”。

吉井：这么说来您太太也跟我提到过您的自由风格。令嫒年轻时曾把头发挑染成红色，当年吓坏了不少人，但您会夸奖她。

一泽：女孩子爱美很自然。扮美哪位女性都会，但不献媚就很难。挑染成红色，不错。

把东西做好

吉井：对您来说，“好东西”指的是什么呢?

一泽：嗯……就是价格和价值相平衡的东西。在超市那些地方卖的东西，可能价格会便宜点，但产品本身也就那样。大部分东西是在商店货架上全新时的样子最好看，但我们的布包不一样，它会陪伴客人的人生，越用越有感情。最后它会成为生活的一部分，哪怕颜色慢慢褪了，也会成为另一种魅力。这点职人们也明白，有的布包有把手，使用期间会缩短。若有客人要维修布包的把手，职人会把新的把手裁短一些，因为客人已经习惯这个长度了，换成全新的反而会不习惯。让布包陪伴一个人，要想象他怎么用布包。

这可不是简单的事情，我们的帆布，如果想用更便宜的完全可以，纽扣、金属小扣件、缝线等等，都有办法降低成本，但是我们都不做妥协。拉链、拉链坠、五金件、真皮配件、布料的材质和颜色，这些都是我们自己设计出来的，再分别请那些领域的行家来做。好东西不便宜，就是这个道理。

吉井：贵店的布包在日本已经有相当的知名度。我有一次在东京拜访一家画廊，看摄影作品，那天刚好带着贵店的包，有人看到就跟我聊起：“哟，那不就是京都一泽桑的吗？”还接着说，他也喜欢贵店的包，用了十几年，后来太旧了，现在他的母亲放在厨房用来保存大葱、白萝卜。

一泽：（笑）用我们布包的人多，但我们也会收到不少投诉。大家越喜欢我们的东西，期待度也越高，遇到一点点的不顺心，就会很失望。遇到这种投诉也是很好的学习机会，我们很爱惜这种机会。

吉井：贵司的技术和理念，加上与供应商长年信赖的关系，方可生产出“好东西”。上次采访开化堂的时候也感觉到同样的道理。

一泽：你采访开化堂，觉得怎么样?

吉井：横向和纵向的关系都相当牢固。以家庭为中心的企业，重视技术的传承，这是“纵”的部分。另外也拥有“横”的关系，比如与供应商拥有长年的关系，与其他京都老铺的合作等等，这些应该与贵司有共通之处。开化堂也好，贵司也好，大家对时代讯息的敏感是我没想到的。说到开化堂，让我印象深刻的是他们的宣传方式，想得很细致。比如他们的小册子，英文版和日文版上商品的拍摄方式都不一样。

一泽：用东西好看夺目的一面让人惊喜，这其实不难。但我说的好东西的那种“好”是看不见的。看不见的地方才有意义和价值，所以我们很少打广告。不知道你有没有发现，我们店里没有准备小册子[4]，报纸或杂志上也没有打广告。要卖东西出去，故事性当然很重要，但基本上让产品道出自己的品质才是最好的，大家在使用过程中肯定会发现那些隐藏着的“好”。这就是职人，在大家都关注外表的时候，努力做好那些看不见的细节。这才是职人的本质，经过多年才能展现其价值的本质。很多东西，尤其是使用化学纤维的布包摆在商铺里的时候最好看，但我们的布包不是装饰品，而是会陪伴你的人生。自然材质的布包，花很长时间慢慢获得不可取代的美感。为了达到这种美，我们的东西必须耐用。

京都经济圈

吉井：不宣传也会有这么多人找贵司合作，这是很有意思的。我刚与您太太聊天的时候得知，曾有从美国赶过来的公司高管，请教您如何打造百年老店。他们都很难理解的是，贵司应该很容易做大，但迄今为止规模都不大。他们说：“若是美国企业，公司到了一定规模，老板会考虑把公司卖掉、合并或开家分店等路线，为的是好让自己欢度晚年。”贵店的帆布包店铺，只有京都东山这一家。这是因为贵店执着于“京都生产、京都销售”吗？若是在东京，贵店的帆布包能生产吗?

一泽：有材料和职人，帆布包在东京也可以做。而且我们的顾客群也不限于京都，已经扩散到日本全国各地。但我自己是京都人，我们又是在京都诞生的店铺，所以也许做生意会有京都风格。京都人，尤其是像我们这样的京都老铺，不太喜欢整天为了赚钱匆匆忙忙的，过着当天挣、当天花的生活就好。赚大钱干吗呢？你的钱再多，也没办法一天吃下十餐饭，有了五十栋别墅，你也住不了那么多。

在日本，大家就说京都是职人城市。现在也可以这么说，但过去(的职人)更多呢。随着时代变化，工资和物价涨了，很多公司把自己的工厂移到日本别的地方。后来他们发现，韩国、中国台湾等这些地区工资低，就移到那些地方去。现在你看，那些地方的工资也太高了，要得在越南、蒙古找地方，真辛苦。大公司就得这样，因为大，每件商品一批一批要大量生产，否则成本太高。商品的种类越来越多，又有紧密的时间安排，自己一家做不了那么多事情，所以要找承包商。这么做的商品呢，人家卖出去就好。今年流行这样的款式就拼命做，一定要赶上今年卖完。卖完就不管了，反正那些包到底是谁做的，客人没办法追溯，想要维修，工厂不再有布料或零件库存，因为过一段时间马上要做完全不一样的产品。

---

4 一泽帆布会为购买布包的顾客提供一本小册子，说明布包的日常保养。

“我呢，不喜欢引人注目，不能引人注目。可女儿们现在准备出书，说什么要介绍公司。我说不要，但她们坚持，没办法。（笑）”

吉井：我有时候进行网购，发现世界上泛滥太多种商品，仿佛感觉到了资本主义的尽头。

一泽：我是听说在中国，单身的年轻人拼命买东西……

吉井：您指的应该是“光棍节”时，11月11日。

一泽：哦。听说那时候大家购买很多很多东西。确实，市场上已经有太多商品，它的种类和数量，估计已经超出我们的需求。同时，很多东西是没办法长期使用的，本来的设计和做法就没有考虑这点。我们的布包生产进度并不快，也许也不符合所谓的流行，但我相信做出来的好东西，肯定能卖出去。

我认为做生意最主要的是独立性和专业性。只做某一种东西，但在这个领域我们决不输给别人，这点很重要。再小的公司，若你有顶尖的技术和专业性，还是能够互相认可、尊重。其实生意不能做太大的，做大没有意义。我并不是说，职人在小房间里默默做一件事就好，不是这个意思。但你想想看，公司做大有多少浪费？我们从头到尾，包括生产、销售和维修，在自己一家里面完成。没有中间的经销商，这部分的成本就可以转换成更高的品质。

很多公司为了生存开始“多元化”经营，这种做法也许给你很多赚钱的机会，但同时让人更加疲劳。迎合时尚赚一笔钱、让人瞩目，也就是一时性的事情。

吉井：请问，贵司的专业性，您认为会是什么呢？

一泽：用帆布做东西。用帆布做出来的东西。这点长年不变，所以几十年前做的东西，我们都有布料和零件，职人也就在楼上，若客人拿包过来维修，帮得上忙。我们的店呢，就是土里土气，对时代反应慢，比别家慢好几拍。反而到现在有些人觉得我们的做法很新鲜，有意思。

（此时一泽先生的女儿过来说，有电话想请信三郎先生接）

一泽：不好意思，我去接一下……

（一泽先生接完电话回来）

一泽：抱歉让你久等。到我这个年纪，就要考虑老年痴呆症的问题。同志社大学研究出一种飞镖游戏，对预防老年痴呆有帮助。他们想加以推广，就找我们做装飞镖用的小袋子。我说好呀，马上拿过桌子上的废纸，在背面画设计草图。然后与楼上的一位职人商量，马上做出样品寄给对方。刚才的电话就是他们打来的，已经确认好样品，颜色什么的都可以。你想想，若是大公司就很难这么快做到这个地步，他们先要把这件事情交给设计师，设计师画好的东西传真给承包工厂并申请做样品，若客人说什么地方要修改，又得重新再来一遍……这过程中，不知道会浪费多少时间和人力。

而且，公司做大后，生产每个品种的数量都要达到一定规模，否则成本不好控制。一旦做错产品就不得了，难免浪费庞大的资金。我们这里的呢，若职人做错，我就到工坊骂他一声了事。像今天你的老板（指梁文道先生）过来想维修背包，我可以马上叫一位员工来修补[5]。一样东西的使用者和生产者越近越好。

5 在一泽帆布进行维修，日本国内客人也需要1—3个月的时间，布包运输费由客人负担。

左.右上.同志社小学校用书包。一泽帆布每年进行改良，一位职人说：“已经到了完美阶段。”右下.除同志社小学校专用外，一泽帆布也在售一般顾客用的双肩背包，价格21,000日元。

吉井：作为京都的“生产者”，贵店是否与京都其他机构的合作机会还是多一些？

一泽：到现在，我们为东京或其他地区的企业、学会等机构做过不少商品，但和京都方面的合作也不少。同志社小学长年采用我们的帆布包[6]，颜色采用该校浅紫色，包上印有校章。这款书包上我们曾经做过一个口袋，能放GPS定位器，后来被智能手机取代，再后来又改成放IC芯片用的小口袋，这也算是时代变化。日本大部分小学生用皮革制书包，但那种书包一看就是小学生用，毕业就不能用。而我们的帆布包，毕业后也能继续使用，父母当做自己的背包也不奇怪。这些书包也是，我们做好的样品先请学校老师用一阵子，他们背着书包样品骑车上下课，放教科书和各种学校用品，之后给我修改意见。试用后发现书包盖子容易打开，我们就把这部分的设计和零件改一下，慢慢做这些修改，觉得没问题，才开始正式上线。

还有开化堂的职人们用的围裙，也是我们的帆布制作的。他们使用的药品比较强，职人用的围裙容易破洞，上次也刚进行过修补。前几年我们为京都律师会制作帆布包。律师平时要带很多资料，证据呀诉讼日志呀，放纸袋里不安全也很容易破，一般的包包也很快就变形、劣化或手把会掉下。所以，我们做出能轻松放入A4纸，竖着放、横着放都行，手拿或挂在肩膀上也可以的布包。另外，为了安全和保密，布包加了盖子，放印章用的小口袋也加了拉链。

律师专用布包，包上的向日葵代表真实和正义。

6 日本小学生上下课时背着的双肩背包，称为“**ランドセル**”（randoseru），源于荷兰语ransel（背包）。一般采用皮革制作，价格介于两万（约合人民币1,300元）到五万日元之间。

下午五点，工坊里响起铃声，职人们站起来开始打扫。然后有的下班，有的留下加班，七点多时所有员工都回去了。

还有在屋前的暖帘、客人放包包用的箱子、职人放自己的工具的包等等，还是和京都各家合作不少。说及学校，之前我们为立命馆大学做过考卷专用袋，就是“统一入学考试”用的考卷，他们很长时间用风吕敷包好，拿到考试现场。

吉井：用风吕敷包起来，感觉好怀旧。

一泽：是吗？也就到四五年前，他们一直这么做哦。考试当天他们把考卷用风吕敷包好，从进校门、进入校舍、又走楼梯再到考试会场，其实距离很长，包很沉重的。他们想到做一个适合放考卷的专门布包，大小也是刚刚好的那种。

吉井：不能走电梯是为什么呢？

一泽：若停电或发生事故怎么办？考卷必须得九点按时送到教室，所以他们考试当天不用电梯而走楼梯，以防万一，走楼梯更加保险。拎风吕敷包，下雨天更加麻烦，也怕弄湿考卷，所以还是想做一个专门的布包，耐用、防水的比较好。

不过像刚刚跟你说过，我们过去还和东京的森美术馆、日本医学会总会、早稻田大学、熊本县的熊本熊或国内外艺术家等等都有合作过。因为我们不做特别的宣传，所以一般大家都不太会知道，但我们合作对象越来越多，不限于京都企业。

吉井：看来，您还是有蛮多朋友的。

一泽：我不喝不美味的酒。也就是说，我不喜欢和工作有关的宴会，比如以卖家的身份和买家一起喝酒，这多累呀，不喜欢这种场合。当然，和工作上有关系的人也会做朋友，但喝酒的时候不谈工作。我经常接待从日本各地或海外来的客人，他们的头衔、年龄、出身，我都无所谓，开心就好。有人建议我玩高尔夫球，说是透过高尔夫球可以交很多朋友。开玩笑呀，我年纪够大了，现在努力减少朋友呢。（笑）也有人建议我们应该做高尔夫球包，肯定很受欢迎。我说“以后会做”。这和京都人的“考えときます”（我会想想）意思一样，京都人说这句，就是百分之九十九点九的“不考虑”。（大笑）

不好意思，我说话有点乱，你也随便听听就好。没什么特别的，上进心也好，竞争心态也好，我都忘在什么地方了。祸兮福所倚，福兮祸所伏。不要让自己太显眼。和大家一起做好东西就行。

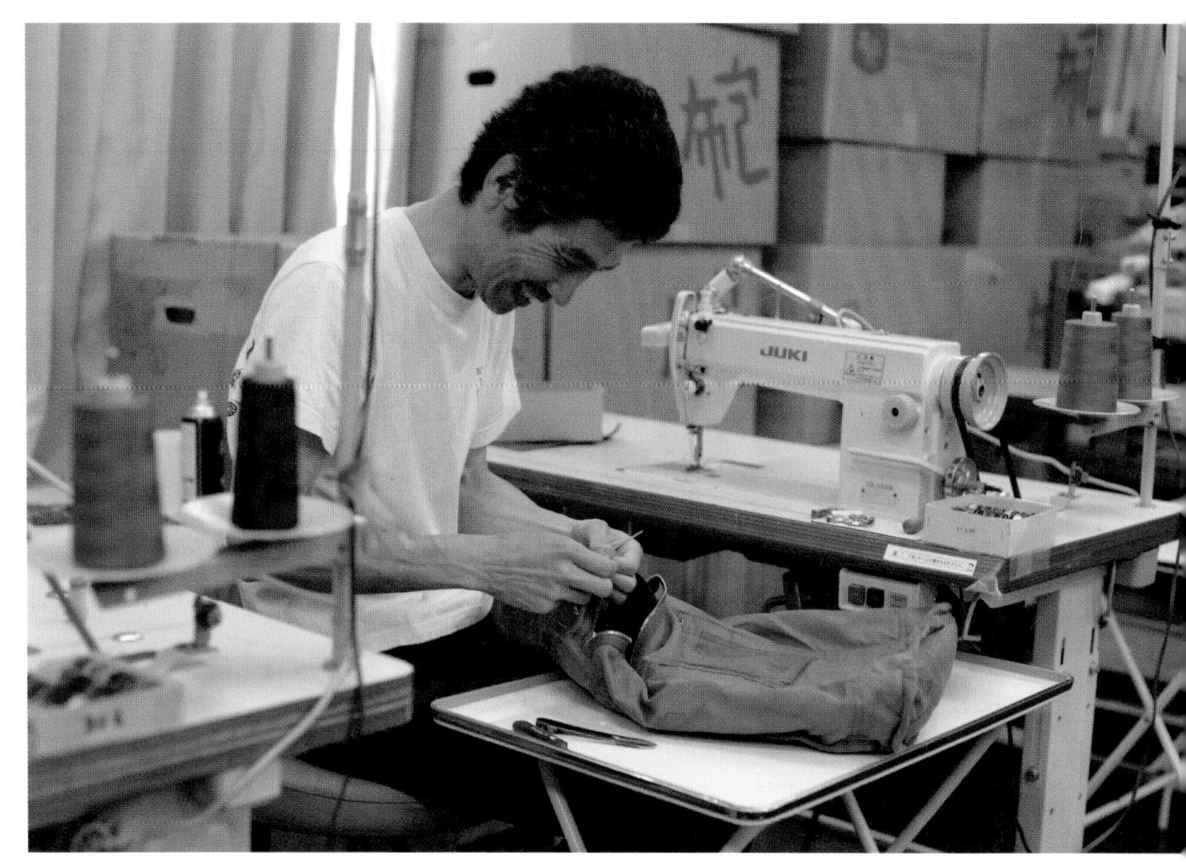

一位资深职人为梁文道先生维修布包。

【实录】布包维修过程

现场有位顾客使用一泽帆布的布包有五年多了，除了中国各地外，这个布包还被带到南美洲、欧洲、北欧等世界各地。以下为背包维修过程实录。

“这个包用了多久？才五六年？看来顾客经常背出去，看到这样的包，我们也很高兴。”职人接着说：“有的包实在太旧了，毕竟是自然素材，帆布严重磨损的时候进行维修，反而会损害原来的其他部分。我们进行维修的初衷是能让产品再多用几年，若维修无法延长布包本身的寿命，我们就会建议顾客不必再修。”

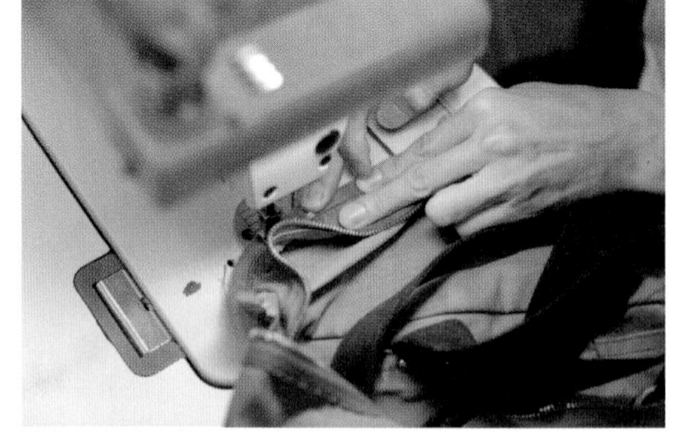

职人仔细观察破掉的部分，决定维修方式。“帆布很厚，针脚挺明显的。我们维修的时候先把接缝部分拆开，再缝合时一定要在之前的针脚吻合处来缝。”

两个包是同款同色布包，右边为新品。

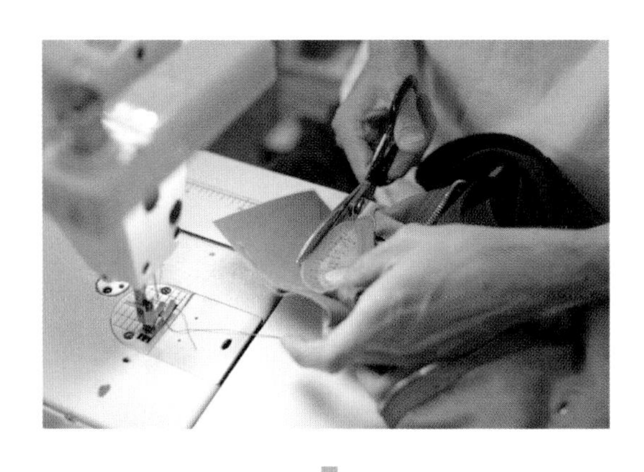

“维修真的要细心，因为这个布包对客人来说是唯一的：褪色程度、把手长度、帆布的质地，都无法复制。维修不能出错，否则没有可代替的啦。”

维修完毕，送回客人手中，重新陪伴他的忙碌生活。

番外（2）制作过程实录

1.布料

“帆布”指的是一平方米重8盎司（228克）以上的厚布。一泽帆布的布料是特制品。选择棉、麻等材料，从颜色到织布，都有长年合作的职人负责。

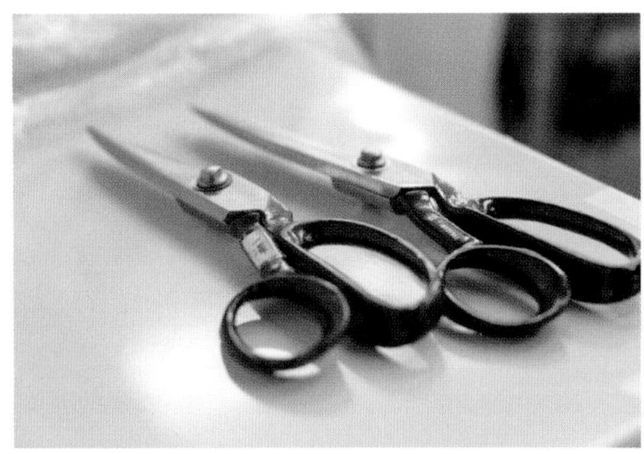

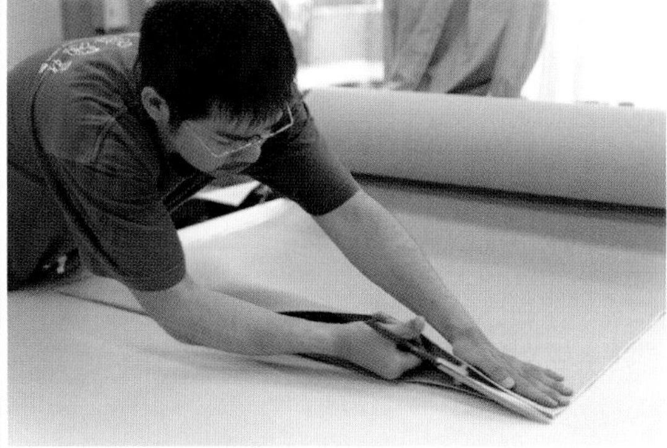

2.裁断

量好尺寸，一张一张地、一口气剪开。每个职人有自己的工具。负责裁布的职人使用的剪布刀，每一两周需要磨一次，长期使用后剪刀也会慢慢变小。

3.准备

裁断完毕的布料，用小头笤帚清理后归纳。

4.零件

“看理想”布包用的零件。一泽帆布的员工说：“偏离一毫米都不行。”

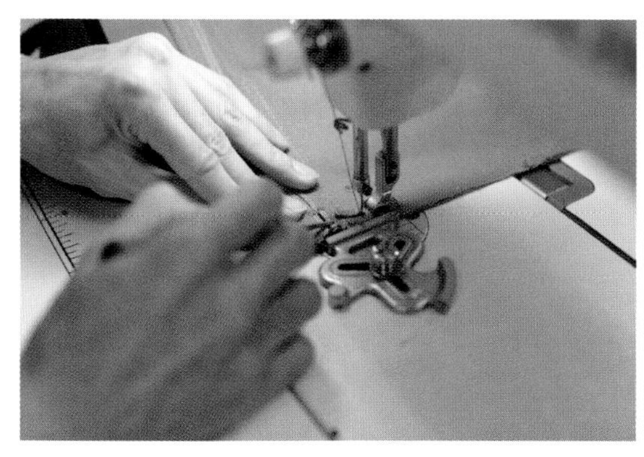

5.缝纫

因为帆布厚、缝纫针粗，若缝错，布上的针孔就会太明显。缝错的布块不能再用，故此职人格外细心。布料厚，每一小部分的缝纫需要用手指用力压住，因而职人容易患上腱鞘炎，不少人为预防这个职业病，手腕上都带有护腕绑带。

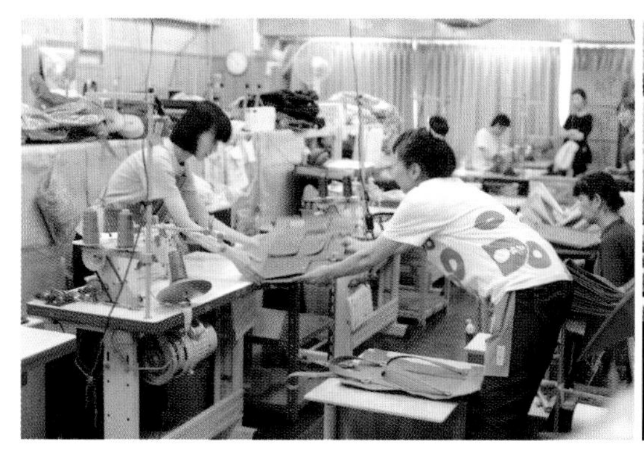

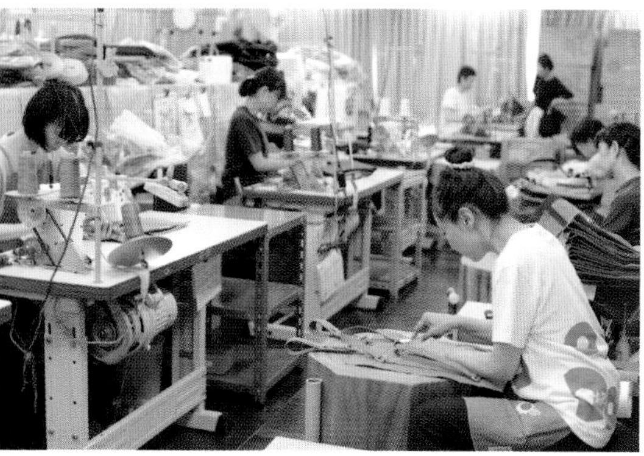

6.分组

缝纫部分的职人两人一组，“下职”做好记号、装上零件后，把材料拿给另一方进行缝纫。制作步骤每一组会有不同，两人合作也需要熟练度。

7. 布包底部的缝纫难度较高，职人一边缝纫，一边用剪刀切入窝边。

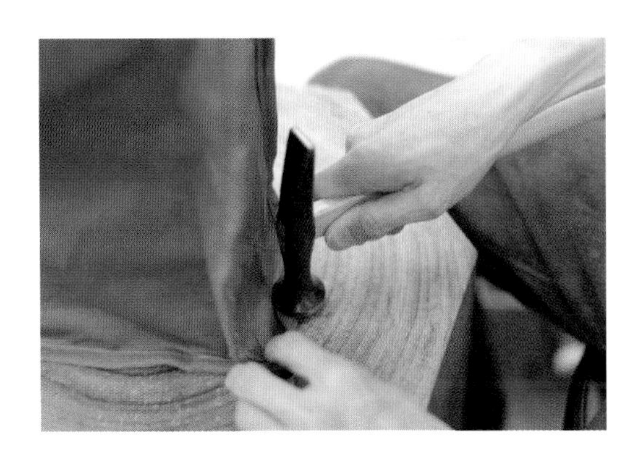

8. 用小贴布包起缝纫部分，用锤子敲，以防窝好的边太硬，顾客使用时更加舒适。

9. 缝纫时，布包表里相反。最后把布包翻过来，进行细部检查。End

一泽帆布的办公楼，三到四层则是工坊。建筑风格极为现代，对此一泽太太解释："二十五年完成的时候，这种风格的建筑在京都还不多见。但我们还蛮喜欢的，京都建筑不是只有'町屋'那种风格。"

在京都街头遇到一位时钟维修职人，他最擅长维修古董时钟，也带着一泽帆布的布包。向他解释了拍摄目的后，他十分乐意成为我们的模特。

Kaikado: The Future is Calling

定睛于未来百年：开化堂

六代目八木隆裕专访

文_〔日〕吉井忍
摄影_吉井忍、部分图片由开化堂提供

开化堂铜质茶筒在使用三十至四十年后的不同变化。（从左到右）

开化堂茶筒的结构是双层的，为的是减少外面气温和湿度的影响，保持内部的干燥状态。里面一层材质用的是马口铁（日文名称为“錻力”[buriki]，别称“镀锡铁”），外层材质则有马口铁、黄铜（真鍮）和红铜三种。

日语里有个词叫“一生物”（isshōmono），意思是可以使用一辈子的物品。这次拜访了京都下京区、高濑川[1]边上的茶筒司[2]开化堂（Kaikadō），在与六代目店主八木隆裕先生的一席谈中，我发现还有不只使用一辈子，而且能代代相传的物品，比如初看并不起眼的茶筒（储茶罐）。

这是一件开化堂在一百四十多年以来全心制作的产品。金属茶筒表面虽经充分抛光，但并不会给人以金属罐子常有的冰冷感，反而有种贴近皮肤的亲切感，让人想要拿起来。给人印象深刻的是简素的设计和高精度的结构。只要把盖子拿到茶筒上轻轻松手，盖子就会靠着自身的重量慢慢下滑，直到密封合拢。下滑的速度快慢适中，有种温柔的平静，让人心生愉悦。拿起盖子的时候也不需要用力，捏住盖子上方，就能轻松提起。“希望大家不要误解，”八木隆裕先生面带微笑道，“自动下滑的盖子并不是为了让大家惊奇，而是提升容器气密性、追求容器开闭舒适感的结果而已。”

“气密性”是让这家茶筒老铺在明治时代出名的原因之一。据八木圣二先生（八木隆裕先生的父亲）介绍，江户时代人们储存茶叶一般用陶制“茶壶”[3]，将军御用的“宇治茶”[4]从京都运输到江户（现在的东京）的路程叫做“茶壶道中”，每年四月下旬，幕府从江户派人到京都宇治，监督茶叶入“茶壶”的封装过程，再将它们搬回江户。但“茶壶”本身有重量，气密性比较差，到江户时代后期出现马口铁后，人们渐渐开始用它来做茶筒。两百多年间进行“锁国”措施的江户时代结束后，迎接“文明开化”的明治时代的日本人开始快速、大量吸收西方文化，利用新素材创作的热潮一下子高涨起来。“我们第一代的师傅也是其中之一，他当时接触到来自英国的高质量马口铁，开始用它做茶筒，并研究工序和结构。”

---

1 高濑川（Takase gawa）：十七世纪江户时代由父子开凿的运河，担负京都中心与伏见区之间的物流。水深只有几十厘米，用来承载平底、吃水浅的高濑舟，故此得名。森鸥外（《高濑舟》）、吉川英治（《宫本武藏》）笔下都有描绘高濑川过去的模样。**2** 司：用于专业人士、职人的名称，如“御菓子司”（高级和菓子职人）、“香司”（调和各种原料制作香料的职人）、“笔司”（做毛笔的职人）等。**3** 茶壶（chatsubo）：储存茶叶用的陶制坛，与泡茶用的茶壶不同。**4** 宇治茶：请参考后续“朝日烧”采访中介绍。

开化堂的茶筒制作大概分成三大步骤：裁切钢板的准备阶段、组合以及抛光。这些步骤共有一百三十多道工序，从明治时代至今都没有变化。这是不是“始终做一件东西”的著名日本匠人精神的结果？对此提问，八木圣二先生摇头说道：“这我给你解释一下，工序没变是真的，但这是出于维修的考虑。大家拿来要我们维修的开化堂茶筒，通常是几十年前或更旧的，若我们改了工序，现在的匠人就不知道那么多年前的茶筒怎么维修，材料也不一定能买到。所以我们从固定的厂商进材料，工序也不改，你爷爷年轻时候用的茶筒，现在也可以轻松帮你修好。”

而面对人们对京都匠人的刻板印象，如“传统”或“保守”，他也有点意见。“我们是做茶筒的老铺，但你有没有注意到，我们的店名‘开化堂’来自‘文明开化’这个词。在明治时代，我们算是最新、最有创新意识的小店。我们京都人并不保守，其实特别喜欢新鲜的东西。当时开化堂的茶筒颇受人们欢迎，也是因为他们觉得这是新鲜的好东西。所以我们一直在变化，刚开始只有镀锡铁，后来开始用黄铜、红铜、银等不同材料。我儿子这些年不停地做出茶筒以外的新产品，他还开了咖啡馆呢。”

旁边的八木隆裕先生也点头同意：“京都人的眼光还是有水平的，光靠新鲜他们也不理，东西还是要做好。现在这些茶筒漂洋过海到英国的博物馆[5]并被收藏，也说明京都人的眼力很靠谱。至于‘传统’，我也不认为我们做的是所谓传统工艺。我们一百四十年前也就是一家新兴企业（venture company）。品质、技术和风格要好好保留，但我们需要不停地挑战新环境，这样才能称得上‘匠人’，这才是他们一直坚持的‘传统’的态度。”

那么我们今天抛开所谓“匠人”形象——在窄小工房里促膝低头作业——看看这位京都式“传统”匠人的模样如何。

八木隆裕（Yagi Takahiro）

株式会社开化堂取缔役（董事），该老铺六代目。1974 年生于京都，毕业于京都产业大学外国语学部英语专业。就职于传统工艺品的免税店，2000 年离职后就职于开化堂。

开化堂（Kaikadō）

地址：京都市下京区河原町通六条东入

营业时间：上午九点至晚上六点（周日、国定假日及每月第二个周一休息）

网址：www.kaikado.jp

开化堂咖啡（Kaikadō Café）

地址：京都市下京区河原町通七条上る住吉町 352

营业时间：上午十点半至晚上七点（周四及每月第一个周三休息）

网址：www.kaikado-cafe.jp

5 指的是维多利亚和阿尔伯特博物馆（Victoria and Albert Museum，简称V&A），创立于1852年，位于英国伦敦的艺术与设计博物馆，藏品总数约有三百万件，均是来自世界各地的顶级精选。

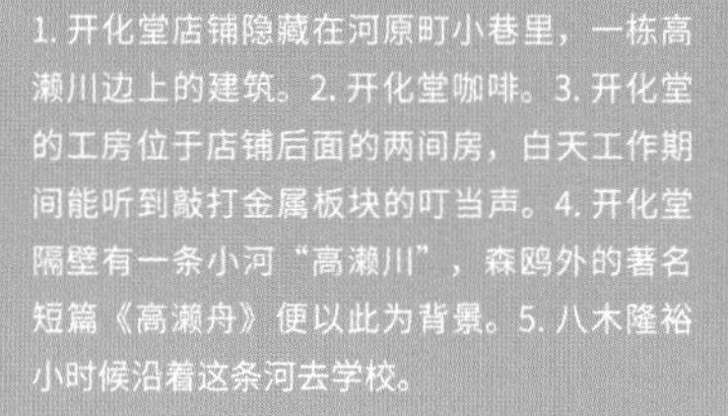

1. 开化堂店铺隐藏在河原町小巷里，一栋高濑川边上的建筑。2. 开化堂咖啡。3. 开化堂的工房位于店铺后面的两间房，白天工作期间能听到敲打金属板块的叮当声。4. 开化堂隔壁有一条小河“高濑川”，森鸥外的著名短篇《高濑舟》便以此为背景。5. 八木隆裕小时候沿着这条河去学校。

八木隆裕（以下为八木）：我们讨论传统和匠人前，还是先介绍一下开化堂的历史。一百多年来不是没有遇到过困难，比如“二战”时期。当时金属算是战争物资，民用受到管制。且不说原材料很难进到货，茶筒本身也被禁止制作，甚至金属工具还要上缴政府。先代们把自己的一半工具埋进土里，之后再挖出来使用。当年的这些工具现在仍在工坊里。战后，我的祖父（四代目）经营期间又赶上机械化的浪潮，大家觉得工业生产的东西很先进，手工艺变成落后的代表。刚好美国生产的塑料密封保鲜盒大量涌入日本市场，开化堂的事业也掉入低谷。

我父亲小时候，家家都有保存茶叶用的茶筒，京都人平时喜欢喝“番茶”[6]或“煎茶”[7]，不管是什么品种的茶叶，家里喝完了就拿着茶筒去茶铺买茶叶。这种茶筒我们叫做“通い罐”（kayoi kan，通い=往返），一般在茶铺销售。我的祖父和父亲会背着茶筒送到名古屋、大阪、广岛、四国或九州地区的茶铺。开化堂的茶筒在当时就算是高端产品，借用家父的话来说，“是值得修理并继续使用下去的产品”。也正因为这一点，随着工业化和塑料廉价产品的普及，我们的生意一天不如一天，有一段时间祖父靠在店里卖药品勉强糊口。

在困难时期力挺我们的是京都的茶铺，对方说：“你们专心把东西做好就行，我们来想办法卖出去。”其实，对茶铺来说，茶筒并不是主要商品，也多多少少有互相帮忙的意思。那些老交情保持到了今天，比如一保堂。我继承开化堂后，经常想起我的祖父。能有今天，多亏当年祖父的坚持甚至是执念。祖父教给我很重要的一条经营理念：做企业不能只看眼前，要想到几十年后，要想到下一代。

开化堂匠人使用的工具

6 番茶（bancha）：在日本家庭普及的粗茶，绿茶的一种。“番”带有“平时、日常”的意思，如“御番菜”（obanzai，京都家庭料理）、“番伞”（bangasa，过去常用的油纸雨伞）。7 煎茶（sencha）：在日本生产最多、也是大多数家庭常喝的绿茶种类，与中国绿茶不同的是，日本煎茶通过蒸青杀青。

匠人与继承

吉井：听起来挺苦的，您决定继承家业时，令尊应该很高兴吧？

八木：不不，恰恰相反。我父亲是跟着四代目到处卖茶筒的，他知道这个辛苦，知道这个辛苦很难获得经济上的回报。他经常说“开化堂到我为止”，也劝我不要继承家业。他从不勉强我学习家传的手艺，反而建议我大学毕业后找个“正职”，因为他觉得继承之路并不好走。

我是土生土长的京都人，从小学到大学都在京都。大学专业是英文，毕业后先在京都一家免税店工作了三年，利用英文专长向外国观光客销售日本产品。大部分商品是京都的工艺品，自然有我父亲做的茶筒。有几次海外顾客买下开化堂的茶筒，我问他们回国后怎么用，有些人说是要用在自己的厨房里。此刻我重新发现自家“茶筒”的魅力和可能性。只要找出合适的传播方式，大家肯定会明白它的好，茶筒的可能性也可以开拓下去。这份工作我做了三年，之后辞职进入家业。这点我还算比较幸运吧，自己并不是从零开始白手起家。

关于技术方面，我大学期间在工作坊帮忙，之后从公司离职到现在，已经可以负责所有流程了。目前工作坊里有八名全职员工。几个月前新来的是名二十多岁的女孩子，美术系毕业的。另一位新人男生也是二十多岁。加上我妻子和其他临时工，还有家父和我本人，总共有二十多人在为茶筒忙碌着。当匠人没有严格的年龄规定，但培养一名像样的匠人至少需要八年时间。所以做事要从年轻一点开始才行。头三年，他们需要细心照顾，难以产生利润，对公司来说是一个负担。大概到了第五年方可慢慢产生一点利润。但现在的年轻人不像过去，不能接受严格的“师徒制度”，每月需要固定收入，也要定休和年终奖金。比如，给一个年轻人每月二十万日元（约合人民币 12,000 元）的收入，其他员工得为他赚回一百万日元方可打平这笔支出。

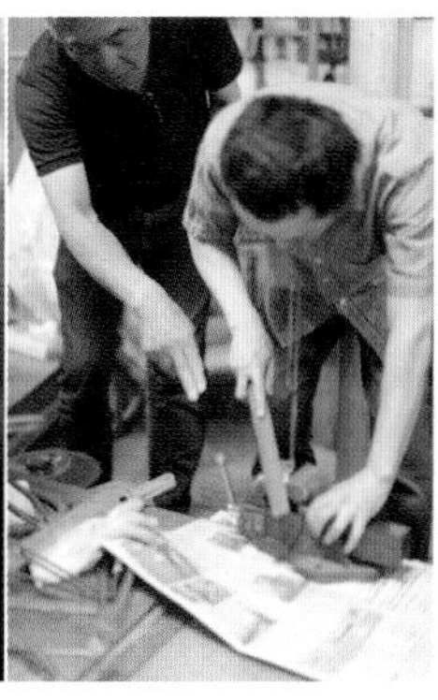

左．五代目八木圣二先生手把手地指导年轻匠人。右．五代目教年轻新人如何抛光工具，有时候声调非常尖锐，新人显得很紧张。忙完后，五代目转身，有些含蓄地对我说：“女孩子还好，教一个年轻小伙子，难免变得有些严厉哈。”

吉井：而且，苦心培养之后他们还有可能跳槽离开。

八木：没错，也有这样的年轻人，到了第三年或第五年就要辞职。但我不会特别挽留，就像男女朋友一样，挽留也没意思（笑），所谓“往者不追，来者不拒”的心态。但这种情况毕竟是少数，现在工作坊里有位三十多岁的员工，可以算是我们的匠人，已经可以胜任全部工序，也会被派到海外现场演示茶筒制作。

毕竟，做匠人需要某种性格倾向，要能够坐定下来专心做好一件事。另外，匠人不是一个人做茶筒，必须和其他匠人携手完成。一个工具或材料放在哪儿，都有我们的做法，每个人都得接受这点。我们的做法也并不是随意定下来的，而是经过多年的考验，想出移到下一个步骤最顺手的做法。打个比方，我们要做三百个茶筒，若一个动作产生一秒的差异，最后变成三百秒的不同。所以，这里匠人首先必须接受这里的做法。也可以说，这里的工作，尤其是头三五年，不需要所谓“创造性”。

不过，我进行招聘时候，也会找一两位性格比较外向、善于和外界打交道的人。作为开化堂的六代目，我想要让年轻人明白，现代匠人应该是什么样的。过去，匠人默默动手把东西做好就行，但现代的匠人还需要说出这门手艺如何帮到大家的生活，要给大家看到产品和生活的连接点。所以有时候我们开办英语课，希望以后匠人们能够到海外，自己介绍我们的文化和产品。对开化堂来说，匠人都和家人一样，我们要一起成长。

工房并不大，一不小心就会碰到别人。八木圣二先生严厉指导年轻人时，大家也会紧张，低头专心作业。但也有开着玩笑交谈的时刻。

在开化堂工作八年的匠人。“我在大学学理工科，毕业的时候整个日本经济不好，觉得需要一技之长，于是决定进专门学校研习传统工艺。学了两年，找工作的时候看到开化堂的信息，有每月固定收入，又是在海外开拓市场，觉得前景好，决定来求职。现在还有不少传统工艺工作坊采用师徒制度，好几个月没有工资也挺常见的，而在这里工作生活比较踏实。”

说我自己的经验吧。继承家业后，我有几次到欧美城市做市场宣传，向大家介绍茶筒的制作过程。有一次在巴黎，印象很深刻，我在老佛爷百货（Galeries Lafayette）地下食品区做展示，店家安排的空间有浓郁的亚洲风格，而且对方要求我穿日式的“作业衣”（和服风格的工作服）。结果，不仅一个茶筒都卖不出去，还被当地小朋友叫成“ninjya！”（忍者）。我觉得这样不行，于是换上自己平时穿的衬衫，我在京都工作坊也就这么穿的。然后就照着从日本带来的日法词典，向观众解释我们的茶筒怎么用，它的基本功能是什么。经过这番小小的变化，那次卖出一共五十万日元的茶筒，包括一个十万日元的银制茶筒。所以说，找到合适的方法细心解释，外国人也会明白的。

我不喜欢说自家的茶筒是“传统工艺”，这也和巴黎的经历有关。若太多强调“艺”的部分，比如说和服呀、富士山和艺伎那种所谓的“日式”，反而会造成我们和大多数顾客的隔膜，大家会认为这个东西和他们的生活没有关系，少数“哈日族”才会掏腰包。而若重点展示产品的“工”，作为生活用品的“美”和“好”，那么哪怕是外国人，都会找到产品核心与自己生活的连接点。

开化堂收纳筒使用示例。

传统茶筒到新产品

吉井：这几年贵司开发出来的新产品有不少，比如意大利面、咖啡豆、糖或设计图用的收纳筒，做新产品时，您心里会不会有过矛盾？

八木：开化堂一直生产茶筒，虽然中间加了不同材质、不同大小的产品，但做的东西就是茶筒。面对意大利面罐等新产品，我确实有点犹豫。之前专心做茶筒，而到我的世代开始做茶筒之外的东西……到底对不对？这时，法国库克（KRUG）香槟酒庄的总监奥利维•库克先生给我建议："你不知道该如何做的时候，去问第一代就好。"库克先生也是六代目，估计他也遇到过同样的问题，听他给的这句话，我心里就明白了。开化堂的第一代，是用英国进口的材料马口铁开始做茶筒的。当时马口铁是相当新鲜的材料，第一代敢于尝试用最新的材料做不一样的东西，很有挑战性的。我做新产品是利用茶筒制作的技术和特质，只要在这点上把关，我觉得未来的路线是挺开放的。

虽然这么说，开发新产品需要一个原点。当然，源自"文明开化"的创造性也是个原点，但这也并不意味着什么都可以试一试。就像祖父坚持手工制作那样，也应该有不能让步的因素。我后来给自己的答案是，气密性和设计感。如何将新茶储藏一年，而不损耗其风味和品质？打开盖子的时候感到最顺手的设计该是怎样的？什么样的形状最适合日常使用的场景？上几代人专注于解决这些问题，才有现在的永不过时的设计，能够长久使用且气密性极高的结构。这点我这一代也绝不会忽视。就像照顾盆栽一样，要整株植物的形状好看，每根枝丫都要健康成长，要有立体感。但一株植物最重要的还是主干，缺了它，其他分支再好看，都无法生存下去。

茶筒是一个容器，气密性要求很高的容器。开化堂匠人为它附加不过时的设计感和气密性，结果就是它不但能保存好里面的东西，容器本身也会附带上你的回忆和家族的历史，能够代代相传下去。我们的制作手法和材料没有变化，所以历代产品都能送回来维修。这整体的感觉就像一棵树一样，都是有关联的。关于新产品，我父亲跟我说过，若每一代能做出一个"定番"[8]，就算是成功了。我相信现有的新产品能够成为让下一代继续做下去的"定番"，成为我们这棵树里的一个重要分支。

8 定番（tēban）：与流行无关的基本款。

左.八木隆裕先生说："有时候客人带爷爷、奶奶用过的茶筒来做维修，看到先代的做工以及客人长年使用的痕迹，心里有种感动。"
右.不管是铜质、马口铁或黄铜，密封功能上无差别。按个人的生活方式，"茶筒"的用途变化无穷。

吉井：贵店茶筒源自"文明开化"的创意热潮。它在制作技术上，是否来自匠人创意的调整？

八木：其实我们的茶筒也有过一种变化。因为需要为客人维修的关系，制作方式和材料没有变，但结构上我们会适当微调。我们的茶筒，用手指轻轻拿着盖子顶端或合上茶筒的开口，就能轻松开合。过去每家都有茶筒，每个人都用过它，也知道怎么用。而现在，因为许多日本人想喝茶就买自动贩卖机的塑料瓶装茶饮料，家里也不一定会有茶筒、茶壶和茶杯这一套。茶筒不是每家都得有的必备品，大家又习惯打开塑料瓶，于是要打开茶筒时，自然会认为密闭的容器得用力捏着转动才行。我也看到过店里许多客人拿起我们的茶筒，用手掌包裹，用力转动，这样反而会压住盖子侧面，让人觉得太紧。所以我们现在生产的盖子的紧密度会比过去松一些，你可以试试打开一百年前的开化堂茶筒，给人感觉确实比现在稍紧一点。

开化堂容器的本质在于它的密封性和打开过程给人的舒适感。打开一次就觉得很舒服，让你想要和它生活在一起。不过这种舒适感会因为时代和地点而产生变化，这就是我们要适当调整的部分。海外人士更不用说，大家会用双手用力拿，所以产品的细节更要调整。

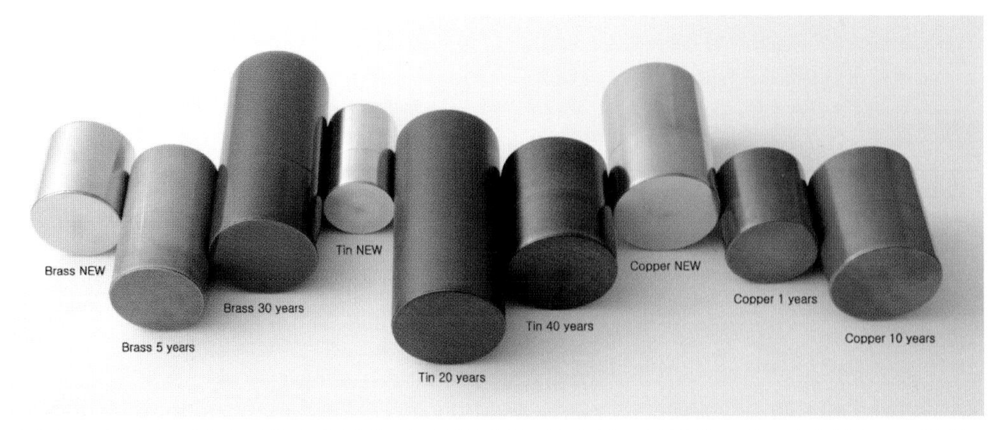

八木先生建议大家，每次用茶筒时，手掌抚摸整个茶筒一次，这样它的颜色变化会均匀，日后的样子更好看。红铜经过一年，黄铜是三到五年，马口铁大概需要三四十年的时间，方可展现出变化。变色是材料的酸化和手指上的油脂产生的化学反应，父母一代每天使用，等孩子长大、成家的时候，茶筒的颜色会有不可取代的独特风格。

左.先用架子来固定，决定直径。右.这个步骤只有五代目、六代目和另外一位匠人方可参与。用架子固定后进行焊接。

吉井：那么工序上，最费心的部分应该是调整盖子封闭部分的“舒适度”。

八木：做茶筒要七八年，能学到开化堂茶筒的舒适度，还得再多花几年时间。家父每一天都会来检查封口部分的手感，这算是重要的把关。工作坊一天的产量大约四十到六十个，我们先做一部分，让家父用手感觉一下。

每一个茶筒是从一张金属板切出来的，所以按道理来说，茶筒本身和盖子的直径是一模一样的。然后我们把盖子的直径调整出来，好让它精确到又有气密性又有舒适感的程度。父亲把盖子合到茶筒上会转动几次，说“硬”或“软”，又或“有一点硬”“有一点软”。这就是父亲的“指示”，我们要想象他说的“有一点”到底是多少而继续调整。经常这就是极微小的差别，但我们开化堂的舒适感只有一个才对。合上盖子确实有点不对、不舒服，就需要把它调整到“刚刚好”，这种“感觉”不能完全数据化，也并非某人与生俱来的才华。我们把这叫做隐性知识，只能靠每天的工作过程和经验的累积慢慢获取。

不知道你有没有看到，前几天在日本大家讨论堀江贵文[9]的发言。他发表新书《多动力》之际说“不要和给你打电话的人合作，那是浪费时间。”他的意思是，人生很短，我们每分每秒都应该用在自己有益的地方。电话最会剥夺你的时间的工具，工作上有什么沟通需求，不要靠面对面的开会、视频或电话，而用电邮或LINE[10]就够了，这样最能省事、有效率。我就不这么认为。人和人之间，还是有直接交流、面对面看着眼睛说话的时候方可传达的东西。这就是我们匠人和所谓现代化的最大差别吧。

左.五代目八木圣二先生试试两个“看理想”定制茶筒半成品的开封手感，用双手扶起茶筒，轻轻转动盖子。这次他向儿子说：“嗯，就这样吧。”
右.“看理想”定制茶筒焊接过程。

9 堀江贵文（Horie Takafumi）：博客平台Livedoor创办人。二十三岁从日本最高学府东京大学辍学而创办的Livedoor曾是在日本最受欢迎的平台，但因财务造假而被捕入狱两年，Livedoor也在2006年被关闭。出狱之后的堀江贵文重新登入媒体界，出了《Zero》等书籍而颇受部分日本读者的欢迎。**10** LINE：类似中国微信的即时通讯应用，由韩国IT企业Naver的子公司、LINE株式会社于2011年推向市场。

开化堂茶筒里装上音响的“响筒”。打开盖子即开始演奏音乐，合上盖子即可关闭音响。可惜，目前并没有商品化的计划。

打破“传统”的捆绑

吉井：关于下一代，您有什么期待吗？

八木：我跟我父亲的想法一样，我也不想勉强自己的孩子学习家业，也不认为一定要让我儿子来继承。但若要由他继承，我并不想说“这份工作并不赚钱，但请你好好继承下去”那种话。我会等待孩子或别人想继承的时候，保持好开化堂的状态，以便下一代能顺利地继承。为了让品牌活下去，我们一定要吸收这个时代的氛围。我们的匠人平均年龄大概三四十岁，他们若想挑战新的匠人形态，我也会好好鼓励他们。现在大家对匠人的看法还是挺固定的，若大家发现匠人像我一样经常出国、做名牌代言人、与大企业设计师们交流，肯定会有更多的年轻人向往匠人身份的。你想想，自己做的东西在销往十多个国家，多么让人欣慰？我希望能够把匠人推到大家憧憬的位置上。

想跟你介绍一下我现在很投入的“GO ON”小组，我觉得它很可能改变大家对匠人的印象。这是由六位传统工艺匠人组成的小组，除了开化堂之外，还有西阵织的细尾真孝[11]、朝日烧的第十六代松林丰斋[12]、竹制品的小菅达之[13]、中川木工艺的中川周士[14]和金网辻的辻彻[15]。我们部分成员是在2012年意大利米兰国际家具展上结识，发现大家对“传统工艺”都有危机感。在日本，大家对工艺的看法太僵硬了，和现实生活也离得远，我们基于这个危机感，为打破“传统工艺”的捆绑和刻板印象而出发了。

我们成立“GO ON”的目标是面向世界，为了把我们的工艺品介绍到海外并融入到外国人的生活中，必须接受外界的视角。于是我们首先和丹麦的设计公司“OeO”合作，做出一系列“Japan Handmade”产品。开化堂做了红茶用茶壶和茶筒，金网辻做了红酒瓶塞，中川先生用木桶做了凳子，小菅先生发表了一系列北欧风格的餐具。这些产品在欧洲获得好评，从此我们对日本工艺的未来也有方向感了。

2017年春天，“GO ON”与Panasonic携手参加意大利米兰国际家具展，主题为“电子技术邂逅手工艺品”(Electronics Meets Crafts)。“GO ON”的六家工艺店都有各自出品，其中开化堂与Panasonic共同开发出音响作品《响筒》。它的外表就是开化堂的金属茶筒，但打开盖子就能听到音乐。拿在手里，音乐的震动传到你的手掌上，用耳朵和手掌同时来感受音乐。让人欣慰的是，我们的展品在当地获得相当高的人气，以至于大家排起长队。最终我们获得“米兰设计奖 2017”中的“Best Storytelling奖”。

---

11 指的是株式会社细尾的第十二代传人细尾真孝。该社位于京都，创立于江户时代1688年，生产传统纺织物“西阵织”（Nishijin Ori）。
12 陶瓷工坊“朝日烧”（Asahi Yaki）的第十六代松林丰斋先生。朝日烧拥有四百多年烧制历史，位于著名的产茶地京都府宇治市。**13** 公长斋小菅第五代传人小菅达之。公长斋小菅（Kōchōsai Kosuga）是京都著名的竹制品作坊品牌,始于1898年。**14** “京指物（京都木工艺）”的中川木工艺（Nakagawa Mokkōgei）第三代传人中川周士。**15** 金网辻（Kanaami Tsuji）第二代传人辻彻。金网辻的产品主要为网子，运用金属丝，以祖传的编织技法编织出捞豆腐用的笊篱等。

咖啡馆里的开化堂砂糖罐。

上.“茶筒”形状的芝士蛋糕，来自著名避暑地那须高原。下.朝日烧的咖啡杯外观低调无华，但拿起杯子喝一口，就能感受到朴实中的奢侈感。

吉井：贵店的“Kaikado Café”（开化堂咖啡馆）里，我看到有很多“GO ON”成员的产品。小菅先生提供的竹制篮子和抽纸盒子，使用西阵织布料的窗帘，辻先生编制出来的金网咖啡斗等等。

八木：没错。不过我们店里并没有详细的产品说明，仅仅把东西放好，让客人尽情享用就好。我们只希望客人自然地感受到这里的氛围。很多人认为传统工艺品太高级，所以我们希望透过这里的一杯咖啡和点心，让大家沉浸在工艺品带来的舒适感中。客人觉得这里的咖啡杯很好用，从此慢慢认识到朝日烧，这就是比较理想的交流方式。

吉井：您这么忙，有时间在工坊里做茶筒吗?

八木：我这几年的工作性质确实有些变化，但也尽量每天上午在工坊做茶筒，这是必需的。我在工坊动手时，经常想起小时候坐在祖父膝盖上，看他做茶筒的神态，我的身体还记得他的呼吸和从动作传来的震动。说起来很奇怪，我做茶筒的时候，这种记忆很有帮助。这是一种不能数字化的感觉，也就是隐性知识。能够数字化的工作就交给AI（人工智能）吧，但这些隐性知识和由此带来的灵感（inspiration），还是属于我自己的。**我会珍惜这些，并会往前走。**

开化堂咖啡馆开在有百年历史的老建筑里，原为京都市电（昭和二年，即1978年）的办公室兼修理厂。为了收纳电车，这里拥有五米高的天花板，开化堂咖啡馆充分利用了这个高度带来的开放感。

左．开化堂咖啡馆里发现一泽信三郎帆布的大手提包，与开化堂的咖啡罐一并销售。
右．在开化堂工坊里，匠人们使用由一泽信三郎帆布提供的围裙。

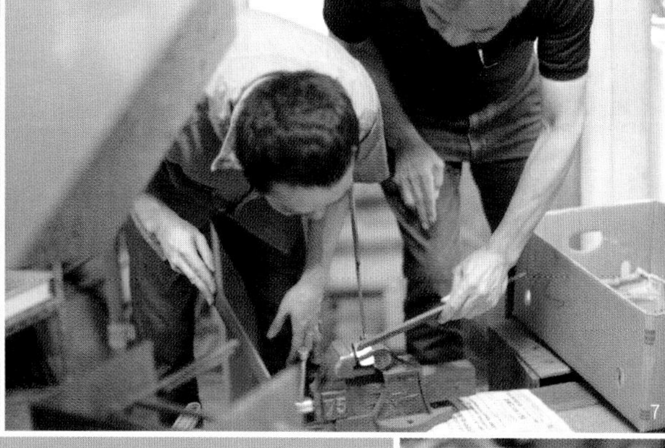

6. 开化堂五代目八木圣二先生："每天都要做这个动作。这里的每一个人的动作，就是为了做好一个茶筒，需要齐心合力。" 7. 五代目说："匠人和艺术家不同。虽然都是用自己的双手，但每天、每次都得做出一样动作，结果也得一模一样。其实非常难。" 8. 在工坊门口，一位匠人带着口罩抛光茶筒。9. 切割出马口铁，匠人用工具反复调整。八木隆裕介绍道："这是手工镀锡的材料，生产方和我们从明治时代起就有合作。保持这种手工做法的，在日本全国只剩一家了。" 10. 切出钢板用的尺，大概有几百种。八木隆裕说："听着声音就能知道刀刃切开钢板的角度正确与否。"

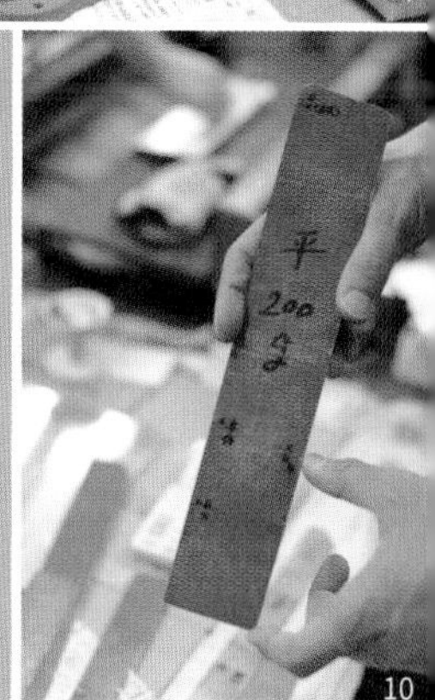

【另一个角度】避免他们放弃尝试

年轻一代的匠人为摆脱"传统"而做的各种尝试，很可能打开通往下一百年的机会。但这些青年人的实验，京都老一代的匠人们怎么看？我们听听开化堂第五代八木圣二先生（八木隆裕的父亲，六十九岁）的想法。

"以前做工艺，我和太太两个人可以温饱，但要让下一代过得舒服就很难。估计几乎所有的工艺人都会有这个问题。所以我看儿子他们做各种尝试是可以的，他们跑到海外，和设计师合作，做各种新产品……年轻一代忙这些，当然做产品本身的时间就少了，所以我们老一代和其他匠人一定要做后盾，这样他们才能那么自由地去尝试。"

被问及"GO ON"小组时，他用"傻瓜集团"一词来概括，但语气并不带着批判。

"年轻人需要机会，我们也让他们自由地去尝试。若他们失败，也绝不能责备。否则他们会萎缩，失去踏进一步的机会，这是我最想避免的事情。能够让他们尽情地尝试，也许是家庭式企业的好处吧。一般大企业的上班族，可不能这么自由了。上司也许可以给你一次机会，但同时，你一定要拿结果回来。没有结果，上司不给你下一次机会。"

八木圣二先生的慷慨，也许来自于过去的类似经验。他年轻时，在原料切割工序中采用过新的工具，对此，他的父亲（四代目）从未有过任何微词，只埋头干活，默默完成和过去一样水平的茶筒。

"对一个工艺人来说，最难的是'照样做一个东西'。匠人朋友们经常跟我说，开化堂的厉害之处在于'照样做茶筒'。'二战'也好，泡沫经济也好，在这些波折中，很多店铺进行彻底改造，没有了原来水平的产品。让儿子尝试各种方向，也是为了开化堂继续做茶筒。他年纪再大一点，肯定会回来做茶筒。现在（'GO ON'小组）他们刚好要进入四十多岁的年龄，那是人生最好玩的时候，你有足够的经验和人脉，也有实力和体力能让自己舒畅地尝试各方面的事情，那就让他们做吧，我就在这儿做茶筒。（笑）" End

Nakagawa Mokkougei: The Generosity of Crafts

工艺的宽容：中川木工艺比良工坊

木桶匠人中川周士专访

文_〔日〕吉井忍
摄影_吉井忍、部分图片由中川木工艺提供

左.冰镇香槟尖桶运用传统木工技术，在结合木材时不使用钉子。尖桶所用木材为来自日本长野县的高野槙（罗汉松）或爱知县生产的尾州桧，树龄均有两三百年。右.尖桶木材还有带灰色的神代杉，后者是在泥或火山灰中掩埋了两千年以上的杉木。中川先生在工坊里用刨子刨神代杉时，依旧有杉木的香味。

中川周士先生，世界闻名的“冰镇香槟尖桶”（Champagne cooler）的创作者。中部最宽、两头为尖端的叶形，优雅地包容着里面的酒瓶，加上木纹的洁净美感，已足够让全席客人注目。再者，和金属酒桶不同，木质酒桶时间再久也不会“出汗”，因稍微往外翘的外形，用手拿起时也不会打滑。这款产品让各地顶尖级餐厅的主人都爱不释手，它的基本结构和技术来自传统木桶。如中川先生所介绍的，制作木桶的技术在七八百年前来自中国，到江户时代中期，木匠的工具刨子和使用技术有了飞跃性进步，生产率有大幅提高，出现了“指物”、“结物”、“刳物”、“曲物”[1]等木工艺。直到几十年前，木桶一向是日本人生活中不可或缺的日常用品：给小婴儿洗澡用的木盆、装大米的米缸、储存味噌或酱油的木桶、浴缸、棺材……中川先生的父亲和祖父的时代，每月能有几百种订单，当时在京都就有两百五十家桶屋（Okeya，木桶制作商）。

“六十年后的现在，就减少到三四家了。”中川先生道。而生存了下来的木桶匠人，有个共同点：“虽说木桶是日用品，但他们把木桶做到‘能放在壁龛里’[2]的程度”。

“一般来说，京都的木桶比较薄，厚度只有东京的一半或以下，看起来很窈窕也很典雅。但这点恐怕引起了日本其他地方的人的误会：京都人怎么这么吝啬，连木桶都不肯用太多木材！但这也是有原因的。京都周围的气候不太适合生产用于制作木桶的良质木材，需要从别处运到京都，成本难免高一些。这一成本因素很可能让京都匠人想尽办法把木桶做薄。从技术水平来说，做薄确实更难，就这样，京都木桶匠人自然就必须提升自己的水平。”

中川先生父亲一代的木桶匠人，靠着高超的技术和匠人特有的“坚持”寻找出路，主要顾客是京都的老铺、日式餐馆或旅馆。但这方面的生意只能赚个温饱，远不够培养下一代。比如中川先生的祖父有过十一个徒弟，而父亲中川清司先生——2001年被日本政府认定为“人间国宝”——能够把自己的技术传授下去的徒弟，就只有中川先生一个。“这就是传授技术的难度所在。我们经常说，用语言不能表达传统技术的所有。这世界上几乎所有的事情都能用语言讲出来，但不是全部，也有无法用语言表达且很重要的事。所以，匠人是“做”东西。不过另一方面，匠人能发挥这个技术优势的机会越来越少，收入不够就养不起徒弟，他们的技术、哲学和精神自然就在消失。所以我个人还是尽量用语言来表达我们的技术和哲学。”

1 “指物”（sashimono）指木板组合起来做成箱子、椅子、桌子或架子等；“结物”（yuimono）主要指“盥”（tarai，盆）、“櫃”（hitsu，饭桶）、“樽”（taru，装酒或酱油用的大木桶）和“桶”（oke，提桶、水桶等）；“刳物”（kurimono）是以凿子、刨子削刻木块而成型的产品；“曲物”（magemono）指将弯曲的桧木制造出杯子、盒子等圆形产品。2 床の間：壁龛。日式建筑榻榻米客厅里略将地板加高的一小块地方。为在墙上挂画和陈设表现季节的装饰物品而设计，背着壁龛坐的一般是高地位的人物或家主。这里的“能放在壁龛里的东西”是指“放在壁龛里也不失礼的好物”。

左.高野槙成长速度慢，年轮密度高，木纹能够呈现出独特的美感。
右.哥本哈根设计公司OEO的现代化因素与中川先生传统木桶制作技术产生共鸣，“KI-OKE Stool”诞生了。

拯救在传统和现代之间挣扎的中川先生的，是与“异类”的两次偶遇。一次是来自自己的经历，是与“艺术”和“工艺”的偶遇；另一次是和现代设计师的合作。有着艺术背景的他，与策划公司LINK UP[3]合作，设计出富有美感的“香槟尖桶”；在与家具品牌 Stellar Works[4]合作的项目中，令传统木桶摇身一变，成了堪称“艺术品”的凳子，并被列入伦敦V&A博物馆和巴黎装饰美术馆的永久收藏品。

据中川先生介绍，和父亲或祖父时代比起，他的工坊制作出的传统木桶，数量只有从前的十分之一，但因为有这些新产品的订单，到现在他也已经培养出三位木桶匠人：一个已在京都设有工坊，另外两位是京都木桶老字号匠人的儿子和孙子，中川先生照顾他们四年多，后来都回到自己的工坊里。

“也有人跟我说，这样等于是在培养自己的竞争对手，”中川先生笑道，“但匠人的现状已经到了不能顾这种小事的程度了。有机会把技术传授给下一代，那就好好教，而且要用明确的语言和理论来表达技术内涵。”他认为，“工艺”就像生物，它的遗传基因最大的目的是留下自己的复制品。而为了适应环境的变化，除了传统产品之外，他还多尝试新产品，并与设计师、年轻一代沟通，摄入来自他者的信息。“冰镇香槟尖桶”的成品出来前，他花了两年的时间做过十多种试样品，“尖桶”闻名遐迩并成为唐培里侬香槟公认冰镇酒桶后，也不断地产出以木桶技术为基础的桌子、盘子、酒杯、汤匙等新产品。

“世界上仅此一个，这就是手工艺品一向的价值。但现在3D印刷机出现了，把印刷机的粉墨换成金属粉，把设计图从电脑发送到印刷机，就能做出世界上独有的一个杯子。……它还不能做出木制品？未来很难说。在这样的环境里，我们木匠必须想透：一个人能做出来的事情到底是什么。而我相信，这个时候我们最需要的是接受异物，能够把他者内含在自己里，并不断进化的宽容性。”

中川先生十多年前从京都搬到滋贺县琵琶湖边上，在这里与家人一起生活。每天面对树木的他，似乎就这么加深了工艺品的制作技术和对它的思考。

中川木工艺比良工房

所在地：滋贺县大津市八屋户 419　开放时间：周一 - 周五：上午 10 点 - 下午 5 点（周六需要确认、周日休息）
（不管是哪一天，有意拜访该工坊者，请提前发邮件确认：info@nakagawa-mokkougei.com）
网址：http://www.nakagawa-mokkougei.com

3 株式会社LINK UP，位于京都市下京区的策划公司，1999年创业。**4** Stellar Works：上海高级家具厂商“Farniture Labo”老板堀雄一朗2011年创办的家具品牌。

受访者：中川周士（Nakagawa Shuji）

木桶匠人、中川木工艺比良工坊代表。1968年生于京都府，1992年毕业于京都精华大学造型学部立体造型学科。毕业后在父亲手下学习木桶制作。2003年独立，并在滋贺县大津市开办“比良工坊”。现在除了木质容器制作外，还热心于设立面向公众的工作坊。

■ 中川先生对中国的“同行”也特别关心。“做木桶的技术是从中国传来的，有机会我想专门去了解中国木匠的情况。”

工艺和艺术之间

吉井：前一阵子得知您的作品“Big Trays of Parquetry”在LOEWE Craft Prize[5]中成为26位最后入围的匠人作品之一，恭喜您。在21_21 DESIGN SIGHT美术馆[6]的展览内容非常精彩，受益匪浅，但在现场我心中有种抹不去的困惑：在那里的展示品，我是应该用什么样的态度来面对？这是工艺品，还是艺术品？工艺和艺术的差别，到底在哪里？

中川周士（以下为中川）：这个问题是这几年我一直在思考的，也可以说是做工艺的人在他的工作生涯中都会遇到的问题。在传统概念里，工艺（craft）和艺术（art）是两种不同的存在，在人们心中的位置也有差异。我和太太的蜜月旅行是在欧洲，去了巴塞罗那和巴黎，当时我明显感觉到在欧洲人的价值观里，艺术的位置绝对比工艺高。但过去三年里，我到欧洲的机会又多起来，发现工艺的位置在慢慢提升，能与艺术并肩，甚至会超过艺术，他们价值观的重心正在从艺术转移到工艺。

打个比方，在伦敦有各种艺术相关活动，而2015年另外诞生了“伦敦手工艺周”（London Craft Week），今年已经是第三年。刚刚你提到的LOEWE Craft Prize是第一届，刚诞生的工艺奖项。还有苏格兰也开始了工艺展（Scotland Craft Bennale），每年举办著名艺术展Art Basel的瑞士，最近也开办了工艺主题的展览。不只在西方，近年日本也有这方面的大活动，比如富山县的“国际北陆工艺会谈”（INTERNATIONAL HOKURIKU KOGEI SUMMIT），堪称“工艺城市”的石川县金泽市去年举办的“金泽21世纪工艺祭”等等。从这些趋势也能看出，世界各个地区开始关注工艺的同时，展现出很激烈的竞争面貌，大家正在争夺在工艺界的位置。日本的工艺在大家心中的位置并不低，但从现在的潮流来看，日本如何把自己的工艺品推向世界，目前有点步人后尘。

这个大趋势的后面，应该有社交网络和全球化的影响。我们的生活和社会状态不得不接受变化，人们各自不断摸索自己的生活方式。中国观众和消费者的心态变化，也应该是在这个潮流当中。我刚在北京办了一次活动，在活动过程和与观众的交流中，以及短暂的旅程中，让我吃惊的是城市风景以及中国人价值观的变化。

我第一次到中国是在五年前，与“GO ON”同仁一起到上海办展。说实话，那次办展的收获并不大，几乎是失败的，当时我们的结论为：上海的观众对工艺品没有兴趣。但这并非意味着我们的展品不够水平，因为接下来到巴黎办展，观众反应特别热烈，我们此后的几年集中精力在欧洲办展也是这个原因。而隔了五年又到中国（北京），感觉大家对工艺的理解和接受度提升了好几倍。一路上看到的建筑、设计、酒店里陈设的美术品，水平都非常高。当然我也听说，中国各地的发展程度都不同，一线城市显得特别先进，但也会有各地差异等问题。但总的来说，我看中国是一个效率优先的社会，仅仅五年能有这么大的变化，让我确实感受到中国这个国家多么年轻，多么有力量。

---

5 LOEWE Craft Prize：西班牙品牌罗意威举办的首届手工艺大赛，巡回展展示从4000名候选者中脱颖而出的26位最后入围的匠人作品，其中包括中川先生的“Big Trays of Parquetry”。6 21_21 DESIGN SIGHT：位于东京都港区Tokyo Midtown赤坂9-7-6，由三宅一生、佐藤卓和深泽直人出任总监，美术馆的名字取自俗语“20/20 vision”（视力100%正常），含有洞察事实、预示未来之意。2017年末展出上述罗意威手工艺大赛作品。

上.中川先生的“Big Trays of Parquetry”，使用日本产杉木的寄木细工大盘，直径有54厘米、59厘米和71厘米三种。
下.21_21 DESIGN SIGHT内景和外景。

图片来自中川先生的1999年个展小册子，主要拍摄地点为琵琶湖边。

追求“独一无二”之后

吉井:这点我深有同感，除了经济发展，他们内心的变化也不小。

中川:回到你提到的工艺和艺术相关问题，我认为艺术中最重要的原创性（originarity）、创意（idea），还有独特性（uniqueness）。艺术界被几个拥有超凡个人魅力（charisma）的天才牵引着，而这些天才们的才能是不可继承的。

就像我祖父是九岁开始学木工，学工艺的技术越早越好。但我因为青春期的反抗心理，升入了大学，用四年的时间自由地探索自己的方向。大学毕业后我就回家，跟着父亲学木工，但这一段时间里也过了艺术和工艺之间的双面生活，周一到周五在父亲的工坊里学木匠技术，周末投入艺术品的创造。当时我特别着迷于用铁做作品，心中的人生大目标是在巴黎办个展并成为著名艺术家呢。

后来我办了一次个人展，这过程中发生的一件事情让我沉思很久。那次展览的主要作品也是铁质的，我把焊接好的铁质锁链竖立起，做了一系列的大型作品，进行拍摄。没想到有人看到我的作品后说，这和另外某位著名艺术家的作品有点像。从他的口气来看，我的作品因此显得缺少个性和创意，作品本身的意义和价值也不高。我很困惑呀，因为我确实没看到过那位艺术家的作品，而且我心中浮出疑惑：艺术的价值到底是什么？独一无二就行吗？这就是我要追求的吗？

之后我想明白了，艺术就是看中独创性的，而且是要在一个人的人生中追求到底，同时难免有种刹那性。所以才会诞生毕加索或达利那种独一无二的存在，但不能有第二代。你想想，如果他们的孩子说，“我继承了父亲的画画风格，我是第二代毕加索，请多关照”，人们肯定会说那是假毕加索。相反的，工艺和匠人的世界能有第二代，因为工艺并不要求在一代人当中完结其表现力，它的时间设定是无限，可以继承的。

吉井:不过，匠人做的工艺品，真的没有个性吗？

中川:是有个性，但和艺术品的个性还是不同。我们匠人除了制作产品外，有不少时间是用于维修。有的东西是自己做的，也有父亲或爷爷那一代人做的，甚至一百年前的都有。对外行人来说，旧木桶看起来都差不多，但从我们内行来看，是自己做的还是父亲或爷爷的，一目了然。我们的做法、流程和工具都一样，但做出来的东西带有抹不掉的个性。这种个性就像一个人的存在一样，比表面上的差别更强、更深。不知道哪位匠人做的旧木桶也一样，我修它的时候能感觉出这位匠人的存在，在工坊坐着刨木板的他。

一个人的一生也许能够让一个独特的艺术诞生出来，而产生工艺的是集合型的智慧。首先，有人开始研究木材。在日本绳文时代已经有人用杉木做小船，因为它耐水，此前肯定有好多人试过各种木材，最后他们认定杉木最合适。就这样，人们慢慢探究木材，后来透过从中国传来的技术，日本人把木制品发展到各方面，如“指物”、“结物”、“曲物”等等。我的爷爷在京都跟着“结物”师傅学习了这个智慧，同时与其他徒弟分享知识。爷爷去世前培养了包括我父亲在内的徒弟们，后来父亲开始做更精细的作品……我只是在这个潮流的最末端部分而已，因为有这些智慧和知识的累积，才能够让我在做出“冰镇香槟尖桶”。若我从头开始研究木材，没研究多少就会到寿命尽头，肯定做不出尖桶呢。

因为工艺是技术和知识的集合，所以适合做“工坊”这种形态。在工坊里，我把自己的技术传授给徒弟，他们也互相切磋琢磨，累积更多的智慧。这种形态是“集合智慧”。艺术就不同，在顶尖部分有一个天才，他似乎支配或影响着下面的艺术家们。但是，这种形态是属于过去、前时代的。我认为“集合智慧”和“分享”才适合现代。也许大家对工艺的兴趣提高，也是因为他们发现了“集合智慧”的重要性，很多不同身份（identity）集中起来时的力量。

集体智慧和“守、破、离”

吉井： 您提到的艺术界形态有点像封建结构，受过所谓良好教育的人群站在hierarchy（等级形态）上层，控制着下层和价值观。但这个形态也慢慢过时了，现在的价值观更加多样化。这种情况下，大家开始关注过去智慧的总汇，即工艺品，也许是很自然的一件事。

中川： 工艺品的另外一个特点是丰富性和宽容性。工艺的材料丰富，形态变化特别广泛。我们做的木桶很精致，是放在厨房或榻榻米房间最好的位置（壁龛）都行的工艺品。在观光地向旅客销售的土产，如手绘泥人、用稻草编出来的马匹，也算得上工艺品。

LOEWE举办的手工艺大赛在巴塞罗那进行最后评选时，他们慷慨大方地把26位最后入围的匠人们邀请到现场，但有一个条件：所有匠人必须参加，若有人缺席，就取消所有匠人的邀请。后来还好，我们所有人到场，其中编墨西哥草帽的匠人不只一个来，而是几位家族成员都来了。他们平时不太出门，不要说大城市，连自己的村子都没出过。为了来到西班牙，他们第一次到大城市，第一次申请护照，第一次坐飞机，第一次出国。我很高兴他们最后得了最优秀奖，我认为这也说明LOEWE的评委们——他们都是设计师——也明白工艺和艺术的差别。工艺不是只靠一个人的力量做出来的，而是多人的合作和继承下来的智慧之成果。

那回到我自己的木桶，在这种大环境里，如何定义自己的木工艺呢？如何定义出自己工艺品的重心所在？这几年我一直在思考这个问题。因为现在出来的工艺品种类很多，我自己也做出和传统木桶不一样的产品，可以说是工艺的边界在扩大的同时，也越来越模糊。现在给自己的答案是，我的重心在于对木材的理解。

我的工坊里光是刨子就有三百种，父亲那里有更多。我买木材一般都买整根圆木头，针叶树为主，比如木曾桧（kiso hinoki）、木曾椹（kiso sawara）、高野槙（kouya maki）、吉野杉（soshino sugi）等国内材料，之后用斧头劈开再用。木材通常很少有直的，多多少少有歪曲，所以要学着沿着木材的纤维劈开。木桶一般是装水用的，表面上若有纤维的断面，就会吸收水分，时间久了，木桶要么变色，要么腐朽，寿命会短些。所以做木桶最好不要断掉木材的纤维。但沿着纤维劈开的技术比较难学，所以尤其是“二战”后，很多木桶匠人开始直接进木板，省事儿。但这些木板表面到处露出了纤维断面，这种水桶容易腐朽，于是大家越来越倾向于使用塑料或金属材质的水桶。话题有点跑开了，就回到木材的理解来说，我现在看木材，一看就知道怎么劈开最适合、斧头要放在哪个位置。能知道这些，方可做出更多的木材作品。修行之道所谓的“守、破、离”[7]吧，了解基本和精髓，就是为了走得更远。

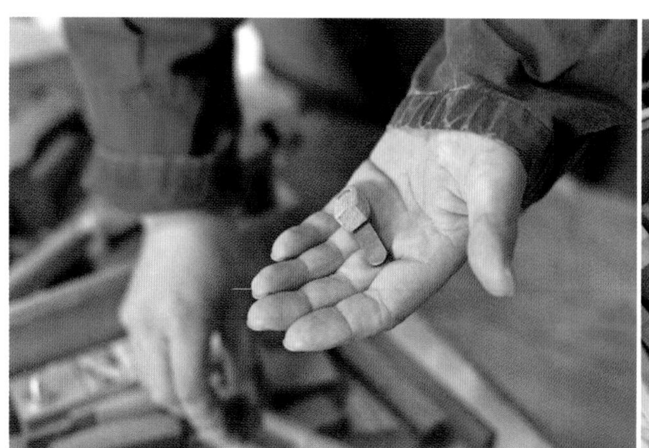

中川先生制作的木桶，小的口径4.5公分的，大的有3米多。口径不同，按木板曲线幅度刨子也得换。“木桶外层和内层用的刨子也不一样，自然而种类要多了。”

7 “守、破、离”（syuhari）源于禅宗三境界：“守”以原则为准，以敬畏之心坚守而不改初衷。“破”以思考为底，拥有自己的想法。“破”而离开母体，茁壮成长。

日本政府认定的传统工艺品标志

吉井：说到工艺品，我就想起在小学学到的“传统标志”[8]。在日本国内的观光地经常能看到附上这个标志的产品：梳子、簪子、领带别针或袖扣……其实在生活中不太会用到。这也是一般消费者心中对传统工艺品的印象：技术高，实际用途却有限。您是怎么看这种对传统工艺品的刻板印象的？

中川：我认为日本政府的责任比较大。你提到的“传统标志”在经济产业省的管辖之下，也就是说，他们把传统工艺当做“产业”。其实日本政府对传统文化的保存也很用心，比如“国宝”，“重要文化财产”、“名胜”、“天然纪念物”等等，按文化财产保护法指定、选定、登录。这些都在文化厅的管辖下，他们为文化方面安排的预算，一半以上用于文化财产的修复和保存。两个政府部门各顾各的，没有做好整体而有战略性的工艺相关的推广。所以海外人士或媒体要了解日本工艺界的情况，也不知道从哪里着手，他们有时候会直接来找“GO ON”。

所以我们“GO ON”成员也并不指望国家的预算。这态度和其他大部分日本匠人有些不同，他们有意愿到海外发展，但前提是要有政府的补助。他们拿政府补助参加海外展，在当地能否卖出东西都无所谓，当做一场免费旅游就回来了。

吉井：这点金网辻的辻先生也提到过，他到国外一定要拿结果回来，而且生意方面毫不妥协，不接受委托贩卖、先付款、用日元交易。您是否也采用同样的要求？

中川：哦，这点我比较随意。其实我的主要标准是好不好玩，对方是否好玩、能否谈得来或能否刺激我的创造性，都比赚钱重要。所以我经常被八木先生批评太不会做生意了，还是要多考虑赚钱这点。（笑）

工房里到处可见中川先生利用剩余的材料制作的装饰品。中川太太笑着说：“我先生看起来像只大熊一样，但他的心是很温柔、细腻的。”

8 “传统标志”是由日本政府认定的传统工艺品标志，按经济产业大臣指定的技术和原材料制作，并通过了产地检查的产品方可附上。

工艺“进化”论

吉井：您用做木桶的技术做出香槟尖桶，这确实是您创造力的一大成果。请问，平时如何开发新产品呢?

中川：我从“进化论”来给你解释吧。在京都做木桶的，我父亲年轻的时候就有两百五十多家，而现在就减少到三四家。木桶匠人属于“濒危物种”状态。现在只有两个选择：一个是保护，就像动物园一样，用各种措施来保护匠人；另外则是“进化”，让自己快速适应环境，想办法把自己的遗传基因给下一代、下一个百年。进化里不可缺的是“突变”，这就是为什么我很愿意和国内外的设计师合作的原因。

因在大学学艺术的关系，我到现在有一批搞艺术的朋友，他们口无遮拦地问我：“你就按设计师的想法来干活，看着他们的设计绞尽脑汁做产品，这怎么能接受呀?”其实这就是艺术家的想法，因为对一个艺术家来说，最重要的是自己的想法，作品里最好不要有别人的影子，他者的视角是要排除的。所以他们难以理解我的状态，从他们来看，我就是为设计师做事儿而忽略自我。

若您想想日本工艺品如何发展到现在的水平，应该能明白为什么工艺品需要外界的因素。不管是在室町时代[9]还是江户时代[10]，过去许多大名[11]不惜重金专聘匠人，故此匠人这个职业得以发扬，他们研究的制作方法也变得愈加精良。可能这个过程中，大名的要求过于苛刻，但作为回报，匠人也努力和尝试，历来受到青睐。我觉得这就是集体智慧，这个尝试过程中会产生能够跳跃到下一代的新的技术或想法。

之前和nendo[12]的佐藤大先生合作，他当时做出的设计也给予了同样效果。我们木桶匠人做东西，一般难免在自己所拥有的力量和技术范围里处理。（※如图）比如我们做一个木桶，“箍[13]一定要用两条的，上面一条，下面一条。而佐藤先生的要求刚好是把这个范围超越了一点点，他说想要只有一条箍的木桶，因为他觉得这样好看。

此刻他画了大圈，示意这个大圈是匠人所有的技术范围。

9 室町时代（1336—1573）：日本史中世时代的一个划分，名称源自于幕府设在京都的室町。10 江户时代（1603—1867）：德川幕府统治的年代，是日本封建统治的最后一个时代。幕府设在江户（现在的东京）。11 大名：统一管辖领地的领主。12 nendo：日本七〇后的鬼才设计师佐藤大（Saito Oki）于2002年创立的设计事务所，曾经被美国《Newsweek》评为全球百强小型企业之一。nendo在日文里指的是黏土。13 箍：竹制或金属的带子，套在木桶外层勒住木条用。

听起来是比较单纯的变化，但传统木桶都有两条箍，也是有相当理由的，要改这点并不简单。切割桶板并处理后，在上下两处装箍，这是为了利用两处箍带往里面的力量，被勒的木板自然带有往外的力量，这样利于两种对抗的力量，好好固定住桶板和底板。少了一个箍，就少了一个能够固定底板的力量。这时我想起了装活蟹用的“逆桶”（sakasa oke）。这是大概十年前有人请我修复过的木桶，为防止活蟹爬出来，木桶的形状和普通木桶刚好相反，口径比底板小。这种木桶也是用两处的箍来固定，但和普通木桶不同的是，逆桶制作过程中，桶板和箍之间的杠杆定律很重要。

懊恼着佐藤先生的要求时，我忽然想起十年前的“逆桶”，慢慢算出来桶板的厚度和打箍位置，最后成功做出一个箍带的木桶和杯子。这个作品（只有一条箍的木桶），如果不是设计师的要求，我一个人很可能想都没想到。但因为有了这种挑战，我利用传统技术做出了一个新的作品。我们以后也可以尝试同样的过程，做出十个、百个新作品，虽然大部分作品很可能将被淘汰，但我相信其中一两个就像“尖桶”一样，能够帮助我们开拓未来五十年或一百年的机会。

谈起木头本身的魅力，中川先生的表情更加丰富，手的动作都多起来。

“GO ON”所体现的未来方向

吉井：这些年来，“GO ON”的知名度提升了不少，能否谈谈作为其成员之一的感受？

中川：这小组最有意思的一点是，我们并没有所谓的领导。成员共有六个，这六个人如正六角形般，各自都有最擅长的一面，也可以说，大部分的局面，用其中成员最擅长的部分都能对付。有些人擅长宣传，有些人口才好，有些人适合公关…… 作品种类、材质、做法和风格都不一样，所以若一个客人不喜欢木制品，而比较喜欢金属的，我们成员中有人可以提供符合对方口味的作品。然后，这位客人也很可能会发现木制品的魅力。

我觉得这种互相尊重对方和对方长处的小组，将是未来职业的一种主要形态。我们刚好迎接了成立五周年，头两三年，我们之间的关系还是比较僵的。比如辻君在某个媒体上说话，我看着电视就想：“咦？那不是上次见面时我跟他说的话吗？” 但现在我们都不顾这些了，毕竟已经在多年的交流中彼此学到不少，对方的成长对大家都有益。比如某一个成员在海外获奖，这肯定是给每个成员带来鼓励和刺激。某个成员引起某个企业的注目，这也很可能给其他成员提供了合作机会。这就是利他主义的形态。若我们都是搞艺术的，这种合作状态比较难实现吧。

当然，做这个小组成员的压力并不小，因为每位都很厉害。过去还好，大家拿来的“成果”都差不多，而现在谁获了奖，谁的作品被海外美术馆收藏，“成果”的规模和水平越来越高。但这也算是给整个小组的推动力，若不能承担这水平的压力，在工艺界就根本无法生存，所以还是得忍受，继续努力。再说，这个感觉也并不难受，因为我们互相的理解有了深度，沟通越来越顺畅。辻君有时候也来这里的工坊，给我看看他做的新作品，要我提意见。这样的关系我觉得挺理想的。

工艺品的可能性

中川：我认为“GO ON”所呈现的可能性，刚好与工艺品的未来在同一个方向上。过去我们过于相信工业的力量，所谓效率和专业性。为了做出一个商品，他们把商品尽可能地平均化，把制作过程进行细化后进行管理性生产。为了出口到海外，商品需要去掉本土性而国际化，每个流程上做事的人，他们能够有效生产被指定的零件，但一旦这个商品废了，这些人的技术也不再被需要，只能被淘汰从而消失。这种生产方式看起来有效率，但整体来看，其实是挺浪费的。

过去几十年，也许市场上的空间和人力都能承担这种浪费。大众的口味也大概是一致的，他们有能力消耗掉工业产品。而现在大家的价值观更加多样化、细化，所谓的“大众”已经不存在了。匠人其实也面对着一样的问题，过去我们专心做好木桶就行，澡盆、脚盆、水桶等等，各式各样的木桶是家家户户必备的生活用具。而现在“大众”消失了，我们应该给谁做木桶？我想，这将是个人。我们匠人必须明白世界的多样性，利用工艺品的宽容性尽可能地推广到普通人。

吉井：关于“宽容”这点，冒昧想问一个浅显的问题。您是否遇到过自己作品的复制品？或者若未来遇到这种情况，您打算如何面对它？

中川：确实，不管是在国外还是在日本，这都是不得不考虑的问题。比如在我们推出“冰镇香槟尖桶”前，在日本只有Wine cooler，并没有这个Champagne cooler叫法。大概在2013年左右吧，我们的香槟尖桶被各家媒体介绍后，日本其他木匠也开始制作名为Champagne cooler的产品。不过他们并没有以“尖桶”的形式做，不知道这是他们不敢还是无法做出来，反正我们的产品已经透过设计公司做好相关商标登记了。所以可以想象，未来类似的事情会多一些，而面对这种可能性，我只能要求自己做出更好的。当过去的产品被模仿的时候，我要做出更进一步的作品。

吉井：您对自己的要求很高。

中川：没办法，我就是这么个人。而且我是想，若有人要模仿，还不如正大光明地来我这里学习。我们这方面是挺开放的，过去也有来这里学习一段时间的国内外木匠。除了木匠这些专业人士，我还挺重视为一般人开放的工作坊呢。

说实话，我认为现在的工艺界过于强调自己的专业性，这反而导致大家对工艺品的态度变得“敬而远之”。估计在江户时代，农家在冬日没事干的“农闲期”，也会做出木桶等日常用品。所以我最近也办了两次工作坊，和大家一起做木桶，再办一次应该就可以把自己的木桶拿回家了吧。初学者第一次做的木桶很可能会漏水，但这也不打紧，大家认识到动手做木工艺品的乐趣就好。而且我觉得未来“工艺品2.0”的极端形态将是DIY。那么工艺匠人的未来形态呢？可以是指导或顾问的位置，为大家提供知识，教导如何做出更好的木桶或木工艺品。若真的实现了这种未来，到时候对匠人的专业性要求会更高，必须带有“超越性”。匠人要透过自己的技术、经验和从前辈们继承的相关知识，做出超乎大家想象的产品，并开拓下一个工艺品的可能性，否则就没有存在意义了吧。

中川先生工坊内景。在桌上发现刚做好的“寿司桶”，为京都的一家寿司店订制。

【小故事】琵琶湖边上的匠人村

采访结束后，我们看着窗外，觉得天气格外好，便到琵琶湖散散步。往湖边的三分钟路程里，他聊起从京都市内搬到滋贺县的经历。

“我大学期间参加了滑雪部，夏天经常到京都周围的山上进行训练。那里的蓬莱山，海拔就有一千米以上，挺陡的，算是很好的训练地。当时我们经常来这里爬山，后来为自己的工坊找地方时，自然想到这里。风景和环境很好，有山有水，安静。我搬到这里，能够更加集中精力做事了。”

让我没想到的是，这一带是著名的“匠人之村”。据中川先生介绍，他的工坊附近就有一百多个匠人和他一样生活着，有做和菓子的，也有做陶瓷的、做料理的，也有和中川先生一样做木匠的。“这里匠人多也有原因的，地皮没有京都贵，自然资源丰富。总的来说，搬到这么偏的地方，骨子里多多少少有些硬脾气，还有不靠‘京都牌’也能活下来的本钱。”话语里有淡淡的自负和尖锐的批判精神。

到湖边的时候，他已经从“木匠”变回一位温和的中年父亲，笑着说起他的小孩在夏天如何在这里游泳。我们回到工坊后，他又匆匆开车去接孩子。“现在的小学周末两天都休息，家长反而忙于接送孩子到补习班。”匠人、父亲和丈夫，这三重身份，也一定会给他更进一步的包容性，让他做出更不一样的工艺品。End

上.蓬莱山脚下的乡村风景，摄于中川先生的工房前。琵琶湖风景。中川先生介绍，这里经常能看到海市蜃楼。
下.中川先生买来的木材。

Asahiyaki: Born in the Age of Uji Tea

生于宇治茶文化：朝日烧

第十六代松林丰斋（松林佑典）专访

文_〔日〕吉井忍
摄影_吉井忍、部分图片由朝日烧提供

朝日烧“河滨清器”（Kahinsēki）系列：（从右至左）宝瓶、汤冷、茶杯。（朝日烧提供）

从京都站坐电车大约二十分钟，窗外风景点缀着深绿的茶田，不久即可到达“宇治”（Uji）——名声在外的宇治茶故乡。要到真正的茶叶产地，还有一个多小时的路程[1]，但从宇治车站出来已经能感觉到与京都市区不同的清冽空气。前往世界文化遗产“平等院”寺庙的参拜道上，满街都是茶店挂出的牌子：“抹茶”、“茶团子”、“抹茶冰激凌”、“抹茶卡布奇诺”，但横经市区的河流宇治川，远望绵亘的东西山脉，都留有浓郁的老镇氛围。尤其是沿着宇治川的一条街“早蕨之道”[2]，一路上保留着与《源氏物语宇治十帖》有关的古迹以及世界文化遗产宇治上神社，安逸的氛围中还带有典雅风格。拥有四百年烧制历史的陶瓷工坊朝日烧（Asahiyaki）就位于这条街宇治川的东边，据说在平等院和宇治川之间筑堤前，从朝日烧工坊能瞻仰到平等院的佛堂“凤凰堂”和里面的阿弥陀佛。

窑户朝日烧是同宇治的茶文化一起走到今天的。它源于陶工奥村次郎右卫门藤作于庆长年间（1596—1615）在宇治朝日山里筑起的窑。这一带有传说，丰太阁（丰臣秀吉）特别喜爱藤作制作的茶器，让他换名为陶作（Tō saku，与藤作的日文发音谐音）并给予家禄。。名声高扬的宇治茶，成为献给各地大名的礼物，作为当地陶器的“朝日烧”，需求量也日增月益。

到江户时代，第三代将军德川家光的茶道指南役小堀远州与宇治的师范上林家有交流，也颇爱当地茶器朝日烧。小堀远州在其当职生涯里办过四百多次茶会，与各地大名（领主）和公家（贵族）有深度交流，对书画以及和歌（日本古代诗歌之一）的知识也很丰富。他参与过桂离宫、二条城、大德寺狐蓬庵等建筑的修建和造园，可谓是当时的艺术策划者。小堀远州热心于各地陶艺的兴隆，在他的指导和推广下而名播后世的陶窑有丰前（相当于福冈县的东部及大分县的北部）的“上野”、筑前（福冈县的西部）的“高取”、近江（滋贺县）的“膳所”、大和（奈良县）的“赤肤”、摄津高槻（大阪府）的“古曾部”、远江（静冈县）的“志户吕”和宇治的“朝日”，是日本茶陶史上著名的“远州七窑”。

在此稍微说及日本茶。不少中国朋友认为日本茶即是抹茶，这是一种误解。现代生活中，日本人多喝煎茶。煎茶也是绿茶的一种，属于不发酵茶，其产量约占日本茶的八成。茶叶色泽墨绿油亮，冲泡后却变得鲜嫩翠绿，带少许涩味。其中最高级的茶品是玉露，发芽前二十天以上用黑色帘子覆盖茶园，使茶树长出柔软新芽，涩味较少，茶香醇厚，回甘悠长。而抹茶的原料是碾茶（初制蒸青茶），在采摘前三十天用帘子全面遮盖使其不透光，然后蒸制、烘焙，再把茎和叶分开，碾茶磨成粉末即为抹茶。

---

1 宇治茶（Uji cha）是日本绿茶的一种，茶叶来自京都府及周围地区（奈良县、滋贺县和三重县）。京都府宇治市本身的生产量不大，主要生产地是京都府内和束町、南山城村、宇治田原町等周边地区。**2** “早蕨”（Sawarabi）是源氏物語第48卷的卷名。

左. 朝日烧的无烟窑炉“玄窑”，由松林佑典的祖父五十四岁时参考原来的阶梯形“登窑”研究出来。过去“登窑”的黑烟成为附近居民的困扰，朝日烧能够留在市区，也多靠先代研究出来的无烟窑炉。右.朝日烧的“玄窑”一次能烧制一千多个产品，因此一年中仅有三四次点燃窑炉。工房里还有电气窑，与“玄窑”比起来更容易控制温度，部分朝日烧产品用电子窑来烧制。

陶工藤作起窑时流行的茶以抹茶为主，其茶碗则是大而厚的陶瓷碗。后来福建籍黄檗禅僧隐元法师东渡时，带来明代的散茶冲泡法，这个饮茶方法到江户时代（相当于明末到清朝中期）成为主流。朝日烧第九代长兵卫抓到这个变化和趋势，茶器的生产重心也从抹茶茶碗移转到煎茶用品。他在明治十一年（1878）的后半年写下的制作明细里，泡散茶用的小壶“急须”的生产量为3200件，煎茶碗有1300件，能看出当时对煎茶器的需求之大。到了大正时代（1912—1926），第十三代的弟弟松林霍之助到英国留学，与民艺陶器领域的“人间国宝”滨田庄司（1894—1978）、英国著名陶艺家伯纳德•利奇（Bernard Leach，1887—1979）有深度交流，雷之助又为Leach工坊花了半年的时间建造了日式窑炉，并对他的徒弟进行技术指导。Leach工房和朝日烧的关系持续到现在，今天的采访对象松林佑典先生也曾在该工坊制陶一个月。

松林佑典是一位说话稳重、动作极为优雅的八〇后，也许因为他拥有一身白皙皮肤，看起来也更加年轻。他名片上印有的名字不是佑典，而是去年从父亲以及祖先们继承的师名“朝日烧十六世 松林丰斋（Matsubayashi Hosai XVI）”。自从他继承这名字后，不管是宇治的商人还是茶道师傅，人们就改口叫他丰斋先生，而不叫佑典君了。还没到不惑之年，因父亲病逝继承了四百年的老铺，这是否给他不少压力？对这个有些失礼的问题，他边用特别细长的双手流畅地为我泡茶，边以温和的声音答道：

“其实我还在摸索继承朝日烧这事到底是什么。但心里也并没有焦虑感，因为我认为，这是我该用一辈子来探索的。父亲经常跟我说，我们要做的是看起来不怎么特别、但让人感觉出一种‘好’的东西。这是父亲一直追求的。看起来平凡，但并不凡庸。我也和他一样，透过朝日烧要把它表现出来。

受访者：松林佑典（Matsubayashi Yūsuke）

1980 年生，朝日烧第十五代松林丰斋的长男。2003 年毕业于同志社大学法学部，之后就业于日本通运株式会社海运事业部。次年辞职学习陶工，并多次举办陶作展，辗转于英国和法国，2016 年 6 月继承师名“朝日烧第十六代松林丰斋”，并由皇室赠与“朝日”印记。

- “孩子今年两岁，特别可爱。还不知道他会不会继承朝日烧，我父亲也从来不跟我说要继承家业。”

朝日烧（Asahiyaki）工坊 /shop & Gallery
地址：京都府宇治市又振 67 番地
营业时间 :10:00-17:00（周一、每月最后一个周二休息）
网址：http://asahiyaki.com

朝日烧和茶文化

吉井：首先有个基本问题想请教。在日本各地著名的陶器或瓷器生产地，比如“六古窑”[3]，里面有比如“常滑烧”[4]——在常滑市有多家窑户，他们生产的陶器都能称为常滑烧。但朝日烧并非当地生产的陶器总称，而是唯有您这一家，器皿后面带有“朝日”印记的方称得上朝日烧。

松林佑典（以下为松林）：是的，能制作朝日烧的工坊只有我们这一间，烙有独家印记的方可称为朝日烧。先代（朝日烧第十五代松林丰斋）有他的印记，而我成为第十六代时，皇室给予了新的“朝日”印记。商标登记手续也在昭和时代就已经做好了。

每个地方的陶瓷器和当地文化有密切的关系，而朝日烧和宇治的茶文化是分不开的。虽然现在有蜡烛杯、咖啡杯等比较新的产品，但大家说及朝日烧，最著名的应该是茶碗和茶壶，因为这些产品在结构和设计方面，有四百年的累积和经验。比如这个宝瓶[5]，内壁靠壶嘴的地方，从底部到上方有密集的150个小孔，是手工开凿的。这是为了更能提炼出煎茶的美味。绿茶的茶叶很能吸收水分，倒茶的时候茶器下方难免留下水分。朝日烧茶器下面的小孔能够帮助把这些沉淀在底部，将含有煎茶最浓郁、美味的水分都倒出来。日本一般家庭使用的急须只有在上方有小孔，这美味会部分被留在壶里，有点浪费。

我们朝日烧的茶壶，除“宝瓶”还有“绞出”。前者带多孔，所以倒茶速度相对比较快，而后者的壶嘴只有几条凹陷，设计成用茶叶本身来过滤水分，因为壶嘴部分被茶叶堵住，水分只能慢慢出来，体积也不适合做大。因此过去有个说法，后者比较适合内行人，慢慢享受泡茶的整个过程和味道。从另外角度来看，因为“绞出”体积比较小，适合一两个人用，价格没有“宝瓶”贵，所以我们有时候也会为初学者推荐“绞出”。

吉井：在日本，茶器普遍是有把手的急须，而朝日烧没有把手。把手是不是在朝日烧的“进化”中被淘汰的呢?

松林：喝宇治的煎茶，也就是京都的茶，我们是不用开水的。开水必须先放进“汤冷”（yuzamashi）里降温到60-70℃，再往茶壶里倒，这种低温方可充分提炼宇治茶叶的甘味。这个温度拿起茶器也不会太烫，自然不需要把手。所以朝日烧匠人刚开始做的不带把手的茶器就已经成为定型版了。另外，茶器的原型来自中国，可能朝日烧的茶器更接近中国的盖碗。

顺便说一下茶器的差别。中国的茶壶，把手一般在壶嘴的正对面，也有把手与壶嘴互成直角的。后者在日本煎茶道里属于专为煮水用，叫做“保夫良”（bōhura，汤瓶）。先用汤瓶煮开水，再把水倒入放了茶叶的茶壶，最后倒到茶杯里。时间久了，前面的步骤消失了，现在喝煎茶会直接把开水倒进茶壶里，后来这个泡茶用的小壶叫做“急须”了。这个发展过程好像很少有人研究，希望能找到更加详细的资料，我觉得挺有意思的。从中国传来的茶器，有的发展成朝日烧这样的宝瓶，也有的发展到像在常滑生产的急须那种形状。

朝日烧的茶器，可能对日本消费者来说是属于昂贵的，但若考虑长年研究出来的壶身形状和功夫，我估计放在别的窑户，以这个价格水平很难做出来。模仿这个形状是容易的，但只模仿得到外表，用手拿起的感觉、重量以及使用感都会不一样。要做到我们这个程度，除了制作方式和设计之外，对茶文化、茶叶本身以及人的动作都需要相当的理解。

朝日烧的陶土也来自宇治，采挖之后放置至少十年方可使用。这意味着，现在我们挖陶土，不是为了下周或下半年，而是为了自己的下一代。朝日烧之所以在几百年的历史中能够保留一贯的风格，除了匠人的技术和修炼外，这些材料中也包含着理由吧。长年经风雨的陶土比较“熟”，含有的成分会变化，用这种陶土做的茶器，经窑中火焰产生独特的色彩和花样，这叫做“窑变”，有“鹿背”（像鹿背上带黄的斑点）和“蟠师”（带粉红色的斑点）两种。我们工坊还有五十年、一百年前的陶土，有时候适当添加这些老陶土，又会产生不同的变化。朝日烧的茶器一般都没有画彩画，所以对我们来说，陶土和它本身的颜色很重要。

---

3 日本主要的陶瓷器烧制地点总称，包括越前烧（福井县）、濑户烧（爱知县）、常滑烧（爱知县）、信乐烧（滋贺县）、备前烧（冈山县）和丹波立杭烧（兵库县）。从平安时代到安土桃山时代创始而拥有九百年以上的历史，到现在陆续生产陶瓷器。**4** 常滑烧（Tokoname yaki）：日本中部爱知县常滑市生产的陶器，起源于平安末期，自古以烧制大瓶子、大坛子、茶壶等日用杂货而闻名。常滑地区近海，烧釉过程采用加盐的“盐烧”制法。当地黏土中的铁分烧制出的红色朱泥为常滑烧的特征。**5** 宝瓶（Hōhin）：朝日烧的茶壶名称之一。壶内开凿小孔，外面没有把手。壶内没有小孔，画上条纹的茶壶称为“绞出”（Shiboridashi）。在日本喝日本茶用的茶壶普遍带有把手，称为“急须”（Kyūsu）。

1.宝瓶手工开凿的过程。
2.宝瓶内侧。
3.绞出试用后。绞出以茶叶本身作为“过滤器”。质量好的茶叶渣可食用，蘸日式高汤（左）享用。
4.急须。

“喝茶”行为的现代化

吉井：记得您三四年前提倡过，要在日本复兴家里喝茶的文化。现代日本生活中，坐下来慢慢喝绿茶的时间和机会少了很多，有的家庭根本没有一套茶器或茶杯。您现在还有“复兴茶文化”这个想法吗?

松林：这方面的想法也有所改变。这几年到海外接触了各地的茶文化后发现，尤其是中国台湾和大陆，他们对于怎样喝茶、怎么面对喝茶这件事的想法，比日本人更加自由，比我们更能享受茶本身带来的乐趣。这几天我在这里接待从中国来的游客，他们给我看手机里存的图片，说是他们在家里设计的茶室。那并非属于“有钱人”的茶室，而是年轻一代做的，在公寓里的房间角落里摆上桌子和椅子，很巧妙地把喝茶这件事带入到日常生活里。当然在中国也有各种各样的人，这些对设计或茶文化敏感的人也许是少数派，但给我的印象还是挺深的。

日本人说及“茶室”，就会想到茶道用的规规律律的那小间。面对茶文化，也很容易陷入过于重视仪式、礼仪或所谓的传统，反而失去探索茶文化的深度、乐趣和可能性的机会。有些人对喝茶这件事敬而远之，一辈子都没接触，这样不是太可惜了吗? 我希望透过朝日烧让大家发现，其实茶文化不是那么难懂，可以自由地接纳到日常生活里。

这里的空间也是一个例子。这里的商铺是今年刚开的，能分别四个小区。离门口最近的一区摆设茶器产品，客人拿在手里可以慢慢了解。旁边的一区，面对宇治川的部分，我特意摆了大餐桌。不管是日本国内还是海外，现在大部分人都在房间里摆餐桌[6]，所以要透过视觉展现出现代生活里的朝日烧，我认为这种大餐桌最合适。

左.店铺里展示朝日烧十六代丰斋的作品。“它的白色我试了许久才表现出来，有种温情和朴实的美感。”松林先生道。
右. 餐桌上的朝日烧。

顺便讲一下，最靠后面的榻榻米一间是茶室，有时候我在这里邀请海外客人一起喝茶。墙壁上的灰色部分是贴了和纸，也是特意找了一位和纸职人，和她一起选出来的。按照这个颜色，榻榻米的边缘也用了同一种灰色。另外，一般的茶室天花板很低，虽然这是传统，但难免有种压抑感，所以这里的茶室天花板有充分的高度和面向宇治川的玻璃大窗，为这空间带来足够的开放感和舒适感。总之，这五年到海外各地的经验给我的影响不小，我更能认同不同的价值观了。所以我现在的想法也不会像以前那种一定要“复兴”喝茶文化那么地僵硬。

6 日本传统生活方式里，在榻榻米上放小桌子而跪着吃东西或看书。

茶碗，也是十六代丰斋的作品。

向世界探索“共鸣”

吉井：您和世界各地都有合作对象，人气颇高。但就像我刚提起的“六古窑”，日本其他地方也有著名的陶瓷器和窑户，比如“九谷烧”[7]，他们的颜色和花样特别显眼，在西方颇受欢迎。想请问一下，您把朝日烧介绍给海外时的卖点是什么呢?

松林：朝日烧是和茶文化一起发展到现在的，我们是要透过茶文化和茶器，传达日常生活里的价值观。不知道是否适合称为“卖点”，但这点我们在过去到未来都不会变的。虽然我们朝日烧在中国大陆（上海）和台湾、伦敦、巴黎、纽约都有合作对象，但在海外与当地人接触时也不能离开这点。前一阵子很多中国游客来日本进行“爆买”，有些商家为此特意生产东西，或把商品的颜色改成黄金色等等。从做生意的角度来看，这个做法也是可以的，只是这种商品的寿命会很短。我们匠人要做的，不是附和对方的口味，而是要找到能够共享价值观的人，我要做的是能够让这些人满意而心悦的茶器。

不过，这些年在巡礼世界各地的过程中，我明白了尊重当地文化是必需的，不能硬要对方接受我们的文化。就如（日本政府推广的）“酷日本”战略，那样只强调所谓的日本风格，和我们朝日烧不是很合适。每个地方、每个人的喜好都不同，找到能够分享彼此文化的人才最重要。面向中国人，对方的茶文化和我们有所不同，但享受喝茶的时间，这点应该有彼此能理解的地方。

过去我们对“产品”有种简单的分类方式，就是为“大众”做的东西要价格便宜，为个人做的当然要贵，就是为有钱人做的，而工艺属于后者。我觉得现在的价值观更加多样化，匠人面向的不一定是有钱人，反而更重要的是要引起共鸣。匠人不会面向“大众”做东西，这是很确定的。但这也不说明匠人只为有钱人做事。不管是国内还是海外，我们要面向的是能共享价值观的人，能够明白我们思考方式的人。而且价格这个概念，也是相对的。也许有些人觉得用一个一千日元的茶器就好，但也有人不能从这种大量生产的茶器中得到满足。朝日烧的茶器不便宜，但有了这个茶器，可能这个人的日常生活里能添加一种乐趣，每天用这个倒茶，哪怕是只有早上的一小段时间，心情就会愉快起来。那么这个价值是不能以单纯的数字、价格来判断的。

---

7 九谷烧（Kutani yaki）：在日本石川县南部的金泽市、小松市、加贺市、能美市生产的彩绘瓷器。

椭圆咖啡杯的诞生

吉井：朝日烧一向是与日本的茶文化一起发展到现在的，那么开化堂的八木先生跟您提起为他的咖啡馆（Kaikado Cafe）提供咖啡杯的时候，您有没有犹豫过？

松林：到两三年前，我还一直挺固执于制作“茶器”的，就认为自己应该只做和茶有关的东西。但最近我的想法有了变化，觉得自己不一定要把“朝日烧”的范围固定住。最重要的是持守中心，材料、技术和茶文化一起培养出来的经验，只要这个中心没有变化，我们可以尝试多方面的作品，若觉得不对，就回到这个中心再想想别的方向。

为咖啡馆提供杯子，我现在认为是挺好的。对我们来说，茶文化特别重要。但现在有些人没有喝茶的习惯，或对喝茶这件事有种心理障碍，会觉得麻烦。若大家对茶没有兴趣，认识到朝日烧的机会就会少很多。如果我们能通过咖啡杯把朝日烧介绍给更多的人，也许他们会记住朝日烧，未来对喝茶也会感兴趣。已经开始有一些这样的客人，他们刚开始在开化堂咖啡馆接触到我们的咖啡杯，之后来宇治和我们对话、深度了解朝日烧，之后买茶器带回去。

吉井：我第一次接触到朝日烧，也是在开化堂的咖啡馆。那里的咖啡杯外表并不是特别华丽，但杯子接触到嘴唇时就觉得很好用，很舒服。

摄于朝日烧工坊。职人在制作开化堂用咖啡杯和碟子。

松林：这是利用到朝日烧茶杯杯口的处理方式。外层是直的，杯口内侧有适当地削出弧线。不过开发他们的咖啡杯是件难事。开发时期，咖啡馆那边也还没装修好，我都想不清楚到底做什么样的杯子才好。做了好几种样品，都没有能让我满意的。这过程中我和中川Wani先生[8]多次沟通，有一天我拜访他的店又聊了一会，当时他说了一句："我想给大家提供的咖啡，不是要第一口就给人印象最深刻的那种，而是他们无意中喝完咖啡，放松放松，推门离店时忽然想起，'哎，今天的咖啡其实味道不错'，就那种咖啡。"

他这一句话给予了我启发。我就明白，自己要做的杯子，就是适合他说的那样咖啡的杯子，不是用第一印象或外表的冲击力来吸引人，而是很自然地在人们心中留下来的作品。朝日烧的风格也刚好适合这个想法，我们的茶器经过多年的尝试和磨炼，做到手感和使用感最好的状态，即便从外表很难看出来，但用久了，十年、二十年，肯定能表现出让人离不开的感觉。明白到这一点，设计咖啡杯就没有前一阵子那么难了。

吉井：记得您的咖啡杯口径是椭圆形的。那是您想出来的点子吗?

松林：口径做成椭圆形的原初想法是中川先生提供的，然后我把整体的杯子设计出来。做椭圆形口径有点麻烦，所以他第一次给我这个主意时，对于是否真的有必要做成椭圆形，说实话我心里有点疑惑。

但我后来想到，抹茶陶器茶碗也有椭圆形的。是这样的，抹茶用的大碗，形状有各种各样的，但它的厚度一般都比较厚，所以如果整个茶碗是正圆形的话，喝起来不是很方便，所以做成偏椭圆形，并从椭圆形最窄的部分喝起。

所以我设计咖啡杯的时候，自然想到客人从椭圆形最窄的部分喝的样子，那么把手就要在椭圆形比较宽的部分。但这整体样子就有点怪。后来我改了想法，咖啡杯的厚度比茶碗薄很多，所以不一定从最窄的部分喝，反而从最长的部分喝比较顺、适合人嘴型。第一次做出这个模型后，我给自己倒咖啡喝，确实很好用。整个设计的过程，是很有意思的经验。

8 东京的咖啡豆烘焙师，经营咖啡烘焙工坊"Nakagawa Wani Coffee"。开化堂咖啡馆（请参考"开化堂"八木隆裕采访内容）使用这家工房的咖啡豆。

今昔朝日烧

吉井:做出新作品时，一般都和别人沟通过程中获得创意吗?

松林:看情况，咖啡杯是首先就有开化堂的计划，所以有必要和别人沟通。这是我弟弟最近做出来的蜡烛杯，里面填满了米油做的“和蜡烛”。设计这个杯子之前有个想法，想做一个喝茶的时候能享用蜡烛光线的烛杯，所以才做出这个新产品。现在大家使用的蜡烛用的是石油系的油脂，有种刺鼻的味道，所以要加各种香精打消那个味道。而“和蜡烛”本来就没有味道，所以大家在没有味道的干扰之下，能够享受蜡烛的温柔光线，享受茶的香味和味道。

这个茶杯也是最近做出来的产品。这几年尤其在日本女性间流行喝中国茶，喝中国茶的时候有一个动作在日本没有的，就是闻香。可能由于这个影响吧，我发现最近大家喝煎茶的时候，有时候会做闻香的动作。所以我们最近开始做比较有深度的茶杯，比其他茶杯更能保留茶香。因为我们一直关注“现在”的茶文化，有时候观察到现代社会里的茶文化，并把它反映在新的产品里。

也有完全靠一个人思考的时候。比如那里的花器，它的白色我试过许多种。一般我做的花器是放在榻榻米上的多，但这个花器我想做出来不一定要放在榻榻米房间，而是适合现代风格的房间，比如以水泥墙为背景也能创造出美感。所以要看情况吧，但确实，一个人思考很容易陷进一个圈里，走来走去就在一个范围里。和别人沟通，听听别人的意见，能够采取不同的视角，是很重要的。

就这样，关于产品的点子不少，而现在的困惑就是忙。这应该和其他“GO ON”的匠人都差不多吧。最近做茶器一般在晚上。在国内外的出差、接受采访等等，事情其实蛮多的。平时还是晚上才有时间安静下来。确实，现在的匠人，若只在工坊里而不接触外界，就很难生存下去。当然，我们朝日烧和你采访过的其他工坊一样，并不是我一个人来支撑，有三位匠人每天在工坊里做事。这样我们才能这么频繁地到外面。若可以的话，能多一位就更好了，但找人也不简单。

另外，和其他匠人有点不同的是，我又是一个茶器作家，以第十六代松林丰斋的名字发表作品。这部分我不能交给别的匠人。当然，我到外面的经验对现在的朝日烧形态也有关系，所以怎么样获取平衡点很重要。

吉井:从四百年历史来看，朝日烧有过颇受欢迎的黄金时代，也有低落的时候。您看现在属于什么样的状态?

松林:从最低落时稍微恢复的状态把。我的祖父二十多岁时失去了父亲，继承了朝日烧。他遇上“二战”后的高度经济成长时代，对“茶道具”的需求很高。到八十年代就一直走下坡路，直到三四年前。而我做的这些活动开始有了经济上的效果，就这几年的事情。参加“GO ON”也是很大的契机，此前我自己都没有到海外介绍过朝日烧。我参加“GO ON”小组比其他成员晚一些，所以有什么事我都可以向其他成员请教，怎样做英文小册子，与海外的联系方式等等。

吉井:在海外对贵工坊的产品评价越来越高，比如摩洛哥的国王也看上了朝日烧的杯子。

松林:在巴黎销售朝日烧的精品店CFOC，有一天打电话过来说，有个很重要的订单。对方要的数量大概两百多吧，也很着急，但我们当时实在应对不了，就直接说不可能。他们蛮坚持的，问我能做多少，我说了一个数量，他们就接受了。后来才得知，那个订单来自摩洛哥，国王喜欢上朝日烧，下一次他们举办的宴会里特别想用朝日烧的杯子。到底国王喜欢上朝日烧的什么，可惜没机会直接问他，但我是听说他对日本文化的了解很深，也收藏过许多工艺品。所以可能他在巴黎的时候也注意到朝日烧吧。就是这个杯子，店里的杯子是单色的，为他提供的则带双色，是和透过“GO ON”认识的Thomas先生（丹麦OEO工作室的创意总监Thomas Lykke先生）一起设计的。

左页上.蜡烛杯。用完可以放另外的小型和蜡烛，继续使用。左页下.可“闻香”的煎茶杯（图中黑色小杯子）。上.朝日烧杯子，和摩洛哥国王买下的同款（颜色和花样不同）

吉井：感觉所谓的日本风格就比较少。

松林：嗯，我和Thomas先生也讨论过这点。可以这样理解，不管是日本人还是外国人，我们看东西的时候能注意到的，一般都是和自己有关的。在自己生活的范围里，并且稍微有点特色的，这种东西才能够吸引人。若我们做出特别有日本风格的，那种东西只有喜爱日本的特殊人群才会注意到。所以我们决定把朝日烧特别日本的部分尽量做淡，而把技术部分放大。不过有意思的是，我们日本人看这个杯子，觉得并没有日本风格，但放在欧洲，好像他们还是会感觉到日本的氛围。

Thomas先生是有意思的人物。他并不是深度研究每一个工艺技术而做设计，但可能是因为他做过《Wallpaper》等杂志的编辑，所以有种敏锐的眼光，也很能看出一个工艺品的什么地方放大的话能获得最大的反应。他对产品设计的建议，也有这种风格。

吉井：您到外地所吸收的异地文化，也许能够为未来的朝日烧提供一个方向。但朝日烧还是在这里用几百年的时间发展到现在，和当地客人的交流中您学习到什么呢?

松林：那就不胜枚举了。朝日烧和茶道有密切的关系，客人中也有喜爱茶道的，与茶道师傅也有交流。现在还有要定做朝日烧的，比如宇治的茶道师傅们，他们有时候为下一个季节的茶会定制茶碗或水指（mizusashi，茶道中盛放净水的器皿）。有一次，说起来蛮惭愧的，有位茶道师傅跟我定了“菓子钵”（茶道点心用的盛器），结果我做出来的对方表示不满意：“嗯…… 有点（和我想的）不一样。” 那就得重新做。我总共做了五个吧，最后对方也收了，但我能感觉出来，对方并不是特别满意。大小呀、颜色呀，我们刚开始也商量过，但做出来给对方看，他会觉得有点不对。这个过程有点让人紧张，也得花相当大的力气。而采用这种定制的方式，若那样重新做了几次，时间和精力其实已经超过了定制费用。但是这里面有不能用钱来兑换的价值，也有长年信赖关系的因素。这种定制的场合里，我的身份既是作家，又是匠人，我的思考方式和技术与客人的要求相碰撞而创造出新的结果，这个过程有种特别的乐趣。

京都本身也不是以消费为中心的城市，所以我们的经济来源重点不在京都。但京都客人的眼光还是很敏锐的，我认为它的严苛程度是世界级的。现在我们买一个工艺品，一般都是买现成的，而过去在京都，有很多客人让匠人定制某一个东西，因为客人本身文化水平高，很能看出东西的好坏。就像我现在和海外设计师商量、交流，过去的京都匠人透过和客人的交流，获得灵感并探索自己工坊的未来。很多时候客人的要求看起来是“无理”的，不在我能做的范围内，但努力实现客人要求的过程中，匠人本身能够超越自己的极限，也能够在自己的作品中摄入外界、客人的视角。朝日烧也是，在宇治这个地方，用宇治的土来做茶器，这可以说是一个特点，但陶工在京都、日本各地多的是，一旦不能满足京都客人的要求，就没有未来，这种意识又能刺激京都匠人做自我提升。

位于宇治川边上的朝日烧店铺

【小故事】奉上灯明的时间

采访完毕后，松林先生带我去工坊。当我们仰视着他的祖父在上世纪七十年代花费心血研究出来的无烟窑炉“玄窑”时，他开始讲起小时候的故事：

“这里面可分成四个部分，‘胴木’、‘穴窑’、‘登1’和‘登2’。每个部分能放一千件作品，茶碗、茶壶及其他作品都有。而每个地方的问题和烧制结果均不一样，每年三四次的烧制时段让人特别紧张而兴奋。但小时候我不懂这些，就看大家跑来跑去，觉得很好玩。一旦开始烧制，我父亲和匠人们三天三夜都不能离开窑，晚上大家在窑边一起吃咖喱饭。还有一个回忆，每年过年，正月三天（一月一日至三日），我们三兄弟有个任务，就是得为每个窑上的神奉上灯火，早上吃饭前要做好。冬日的工坊特别冷，又没人，只有我们三个，我心里只想着正月才能吃的热乎乎的杂煮，想尽快把这个任务完成，回到屋子里。”

“朝日烧的窑变，它实际上的理论我们并不是特别清楚。当然，每次进行烧制时，我们都会仔细写下柴木数量、投入柴木的时间、温度、湿度和窑内的氧气浓度等等。但毕竟窑的事情是陶土和火焰结合的结果，总有人不能控制的部分，能否做出好作品，最后还是要交给自然。有时候我会想起小时候，冰冷的工坊里，一个一个地奉上明灯的时间。我们做朝日烧的人，就这样学习如何和神、自然和先代们的灵魂共存，一起做出作品。”End

Kanaami-Tsuji: One Blood, the Rule for Artisans

“One Blood”才是匠人之道：金网辻

编网匠人辻彻专访

文_〔日〕吉井忍

摄影_吉井忍、部分图片由朝日烧提供

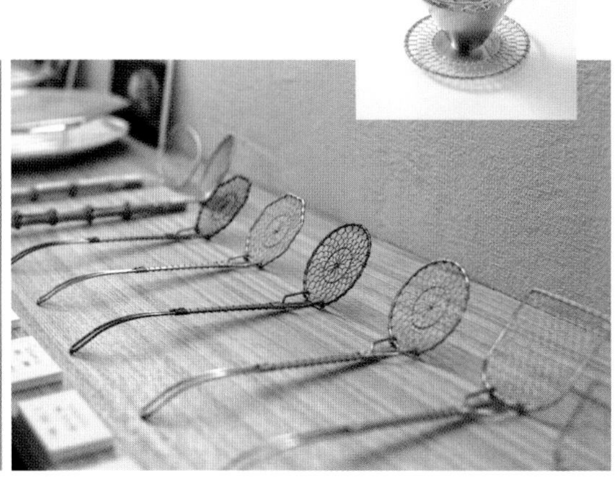

捞豆腐用漏勺。大家围炉捞豆腐时，上面的菊花纹在光影下仿佛呈现出灿烂的光。漏勺的金网部分并没有生硬的曲线，适度的角度能够把纤弱柔软的豆腐完整地捞出来。右上.Kanaami Tsuji 咖啡斗。

“哟，你来了。上来吧。” 这是在高台寺[1]旁金网辻店铺里，编网匠人辻彻先生看到我的时候发出的第一声。向店里的掌柜点头打招呼，脱鞋后跟着辻先生上窄狭的楼梯，便到二楼的榻榻米房间。金网辻的店铺是京都“町屋”的典型结构，下层临街开店，门面窄小、进深大，又被称为“鳗鱼居”，上层则是居住用的房间，格条板窗呈现古色浓郁的美感。但对此辻先生有不同的看法：“喜欢？漂亮？呸，你早晨来这里再说呀，从木窗间隙吹来的冷气，冻死人。” 不过我拜访这里时将近中午，虽然是冬日，房间里已经有足够的温度。上午他应该在这里工作，桌上的笔记本电脑还在播放着摇滚音乐。

辻彻先生是听着音乐走过青春的，尤其是雷鬼音乐歌手Jimmy Cliff，他的歌声触摸到辻彻先生的灵魂，并让辻先生决定有一天一定要去这位歌手的出生地。辻先生“从不喜欢坐下来学习”，对父母坚守的家业也毫不感兴趣，甚至有种反感：“我小时候，日本刚迎来泡沫经济时代，京都工艺挺受欢迎的，别家扩大家业、采用机械、提升效率，去赚钱呐！但我父母呢，照样在屋子里驼着背编网，做那种老东西。到了暑假，有的同学们去海外旅游，我别说海外，连一家人一起出门的机会都没有。零花钱也不给，从小觉得自己被忽略，觉得父母不好，想都没想过接这种不赚钱又没时间玩的无聊家业。”

毕业后，辻先生开始在嘻哈系时装店上班。对他来说，服装店比家里的工坊有趣，好玩多了。据他介绍，这家时装店的店员都有些背景（就是“某某组”那种），外表和态度明显与其他店有别，被年轻客人敬而远之。但辻先生本性天不怕地不怕，直接指挥这些店员，并进行“大改造”。从小在工坊和店铺里玩耍的辻先生，耳濡目染地明白做生意是怎么回事，看出了这家店的问题所在：“店员一定要友善、带上笑容，不能让顾客开心的店员怎么能卖出东西呀？” 经过辻先生的一番用心指导，店员们学到他的“生意经”，时装店事业蒸蒸日上，辻先生也马上升职为店铺总负责人。当时的收入颇丰，小时候的赚钱梦几乎成真，但过了一阵子，他对日复一日的进货和销售，又开始觉得无趣。

1 高台寺（Kōdaiji）位于京都市东山之麓，丰臣秀吉去世后，其夫人北政所为祈祷冥福于1606年修建。正式名称为“高台寿圣禅寺”。

1.辻彻先生的笔记本。“（笔记本）买来第一天就贴上最中间的贴纸，因为我想盖住它奇怪的logo。”2.辻先生介绍，他们的工作可分三种：手编金网、加工金网、做圆形构件（如蒸笼器具）。“龟甲纹”是手编金网的基本样式，还有“菊花纹”、“七宝纹”等古典纹样，按拧结次数和弯曲角度的调整，能表现多种纹样。3.金网辻店铺外观。4.捞豆腐用漏勺。大家围炉捞豆腐时，上面的菊花纹在光影下呈现出灿烂的光。漏勺金网部分并没有生硬的曲折，适度的角度能够把纤细柔软的豆腐完整地捞出来。

“母亲经常跟我说一句话：人生只有一次，不要活得后悔。但问题是，我真正想做的事情到底是什么呢？我一直在寻找，但感觉都不太对。”其实这是所有年轻人都会有的“寻找自我”的问题，而辻先生在加勒比海的岛国上找到了自己的答案。“服装店的工作我做了四年，后来离职，为的是到梦想之地牙买加。第一次离开京都那么远，很奇怪，在那样的环境里我更能审视我自己、日本、京都以及父母。仔细想想，日本这个国家其实也挺肤浅的，大家看流行什么就跟随什么。所以，现在这个时装店很成功，但难预测以后会怎样。”此刻，他想起不被流行事物左右的父母，发现他们制作的金网的价值和潜力。二十三岁的他，在空气中弥漫着大麻味儿的街道上决定回去，回到家去。

虽然小时候讨厌家业，但也许因为经常听到京都老客户对他们金网的评价，所以自家传统工艺的存在意义他也有理解，同时敏锐地察觉到，以后他们要面对的客户不是厂家，而是个人。“我接家业的时候，订单有两种，一种来自个别京都料理老铺，还有一些来自经销商。而编网本来是为料理店专用而造，但我觉得这些产品能成为年轻人、像我朋友年代的人都会喜欢的东西。于是我跟父亲说，我们以后要直接面对消费者做生意。”

辻先生回到家里后，投入精神做了两件事情。一是学技术，在京都市紫竹区的工坊里跟着“老大”父亲学编网 。“虽然我讨厌学习，但动手做东西是可以的，所以学编网还能做得到。”另外一件就是做官网并开网络商店，为的是把自家工坊做出来的产品一一介绍给消费者，也就是建立起“金网辻”的牌子。产品种类也从原来的漏勺、烤网等烹饪用品，渐渐扩展到咖啡斗、咖啡豆用勺子、灯罩、香炉等生活用品。

左.手编的长处是，可以根据客户需求制作出各种产品，果盘、篮子、罩子、红酒瓶塞等等。右.咖啡豆用勺子。金网能够适当筛去咖啡豆皮或小碎片。

五六十年前，京都还有三十多家专业编网工坊，他们手作的金网被称为“京金网”，主要用途为烹饪器具。冬日，日本人喜欢吃“汤豆腐”[2]，从砂锅捞出白嫩豆腐时不可或缺的漏勺，过年烤年糕时用的烤网[3]，倒绿茶时放杯子上的滤茶网，做和菓子时筛红豆沙用的过滤网……这些都可以是金网制成的器具。但后来，塑料产品和工业产品快速普及，不少京金网工坊也不得不接受传统用途外的编网产品订单。据辻彻先生的父亲辻贤一先生介绍，有些工坊开始做棒球场用的围栏，就用钳子进行焊接，框架上安置金网。在经济成长期效率至上的趋势之下，像辻贤一先生一样坚守手编金网的匠人快速消失，京金网工坊减少到四五间。辻贤一先生也接受了一批大量生产用金网的制作订单，当糊口之资。但这些订单带来的利率并不高，从早到晚拼命动手，也仅够维持生活。辻彻先生小时候看到的父母，就是在这个状态下过日子。后来辻贤一先生透露，他十年前能够把事业完全移到“金网辻”牌的精品制作上，并让他决定推掉所有大量生产用的金网订单，是因为儿子带来的另外发展的可能性，以及从日本和世界各地的消费者传来的支持。只靠一个品牌“金网辻”做生意，当然给这位京都老一代匠人相当大的压力，但做出每件作品时，他心里也浮现出不易克制的自豪心。

但对网络销售，辻彻先生还是有点谨慎的。“若大家只为有名而跟风点购，这不是我所期望的。我们的产品是依附着生活而诞生的，而不是纪念品或礼品。” 所以他很重视现场，2007年在京都市东山区高台寺开了直营店“高台寺 金网辻”。听到在海外有人想卖他们的金网，他一定要亲自去看一看。“我只相信自己看到的东西。我要跟对方直接交流，想知道对方是什么人，想了解当地人怎么用我们的金网。”

贴近生活，真挚地思考。虽然这对父子从外面来看大有不同，但我觉得，从他们里面的“匠心”来看，两个人还挺像的。

高台寺 一念坂 金网辻（Kōdaiji Ichinenzaka Kanaami Tsuji）

所在地：京都府京都市东山区高台寺南门通下河原东入桝屋町 362　营业时间：上午 10 点到晚上 6 点（不定期休息。6 月 22 日—8 月 31 日、1 月 18 日—2 月 15 日为周三休息）　网址：http://www.kanaamitsuji.com

左.来自日本各地到京都“修学旅行”的高中生。金网辻店铺附近的高台寺是京都名刹，也是因秋日赏枫而出名的好地方。中. 据金网辻的掌柜先生介绍，这款产品颇受海外顾客的欢迎，有一次从香港来的一批游客每人都买了一个。他说：“这款产品用途很广，可以当垫网或蛋糕冷却架，放在锅里还能蒸东西，这是受欢迎的原因吧。”右.手编茶碟的影子轻盈地映在木桌上。

2 汤豆腐（yudōfu）：京都著名的一道菜肴，砂锅里用昆布做清汤，再放豆腐，蘸酱油等酱汁享用。3 在日本，年糕寓意着健康长寿和好运，打年糕和吃年糕是日本人过年时的美食活动。

受访人介绍：辻彻（Tsuji Tōru）

1981 年生于京都金网匠人家，2000 年高中毕业后任职于服装店，之后来了一趟说走就走的牙买加旅行，2004 年回国继承家业。2007 年在京都市东山区开设直营店，2012 年加入京都传统工艺小组“GO ON”。2017 年迁徙店铺，作为“高台寺 一念坂 金网辻”重新开业。

辻彻（以下为辻）： 来，坐一下。我不是刚从台湾回来吗，回到京都后和做工艺的同行们聊了一下。（他们）有毛病。

吉井忍（以下为吉井）： ……有毛病?

辻： 我不是经常去海外参加活动吗，他们以为我就这样跑来跑去，没工夫好好坐下来做事。人家看我去海外，以为是为了展示自己技术的厉害，给别人看看所谓日本职人的技术有多高，自己当一趟“熊猫”就回来了。不是的。我到海外不是为了炫耀自己，就是为了生意，为向当地人直接解释我们做的东西好在哪里、怎么用。我一向重视“现场”，但日本的传统工艺行业里有一种倾向，一旦出了名、开始赚钱，做头儿的就忽视现场和消费者，天天到料亭[4]和女性拍照开心。

“GO ON”小组也一样，我们到国外参展时，一点儿都没有观光的时间。“GO ON”说起来是特别尖端的精英小组，但并不是一起到海外开开心心就好的朋友圈，我一旦松口气就会跟不上别的成员。其实我们全体成员能够碰头的时间一年只有一两次，其他时间都各干各的。有时候我参加海外展览，开展前一个晚上还会被其他成员批评展示方式不对、不好看。切磋琢磨就是这么苛刻。我认为“GO ON”像是一种爵士音乐的“session”，像一群乐师同时即兴演奏一样，但要参加每场session，你得有所准备。

所以你别误会，有时候媒体会报道我们去意大利或法国参加什么展览，这些报道是面对一般读者的，一般人会觉得海外参展的我们很牛逼，但实际上，说到底我们只是到海外谈生意去罢了。参加什么展都不重要。当然，好不容易到那么远的地方，我会真诚地面对当地人，向他们学习。而我希望对方也尊重我，若有海外商家要卖我们的东西，我会拒绝委托贩卖，一定让对方先买断。先付款，用日元。

吉井： 这么严。不过这样他们肯定会仔细选购，用心卖出。

辻： 有些日本国内的工艺匠人说，自己的产品也卖到海外哪些地方。他们大部分采用委托贩卖，产品寄到海外后就不管了，到底有没有卖出去都无所谓， 能有“海外贩卖”的事实即可。我不接受这种方式，面向海外合作方的要求也严，但也因为如此，我愿意到现场为当地人展示，与他们交流。

所以我经常说嘛，我不是艺术家，而是工匠。自己动手做产品，也会到国内外和客人沟通。我刚从台南回来，和那里的咖啡馆“St.1 Cafe'”[5]办了一次活动，也就是为了沟通，为了看看他们怎么用我的金网。其实他们的方式蛮自由的，用我们的烤网烤的东西也不一定是年糕或土司，还有蔬菜、海鲜、牛舌、大虾等当地食材，烤完就和大家分享，一起吃。我觉得这种方式才是对的。重要的事情不在语言里，而在透过眼神、动作等直接的交流里。大家透过我们做的东西感受到匠人的技术和思考方式。

4 料亭（ryōtē）：日本式传统高级酒家，一般用来公司接待、政治家的磋商等场合。环境高雅复古，用餐一般在榻榻米房间，每间都用女侍服务，就餐时也可以找艺妓（歌舞侍酒的女艺人）陪同。5 全称为“St.1 Cafe'/Work Room”，位于中国台湾省台南市。。

金网辻的人气产品：手冲咖啡斗。圆锥形金网，纹样由上往下渐细渐长，美丽的形状能为一个下午带来欢愉。

吉井：刚和掌柜先生聊天得知，贵店在海外卖得比较多的是咖啡斗。

辻：我觉得咖啡是世界各地多样性的象征。到目前为止，我去过十五个国家和地区，这过程中稍微认识到咖啡这东西。比如美国人喜欢的咖啡口味偏酸，也比较淡，而日本人喜欢的咖啡口味重，偏苦。我们不能说哪个才是好咖啡，只是当地人的口味不同而已，主要还是看当地人习惯喝什么口味。有人可能偏偏喜欢酸的，但就像很多日本人喜欢意大利浓缩咖啡一样，也会有人来日本后就喜欢上我们的深焙咖啡吧。咖啡不会产生憎恨，别人喝的咖啡和我们不同，那就这样，也不会因此看不起对方。我到美国也一样，经常有机会让当地人为我泡咖啡，这是一场分享，我们互相尊重、学习对方的知识和想法。所以我有了这个咖啡斗并能带它到世界各地是件好事，它很自然地能够进入他们的生活里，也能够让我接触到不同文化。

不过做出这个咖啡斗也不简单，我和中川Wani先生研究了四年，做了六七个样品。后来我们做出一个木制模型，再用3D印刷机来复制模型，并制作咖啡斗。

吉井：我看到过别的金网店也做了类似的咖啡斗，但没有贵店咖啡斗上的铜板部分。

辻：这也是我们多次探讨的结果。铜板部分主要是为了保温，若只用金网来做咖啡斗，咖啡的温度快速下降，会影响口感。那不是只用铜板做咖啡斗就好了吗？也不是的。若只有铜板，咖啡滤纸会紧贴在铜板上，也会影响到温度和口味。铜板和滤纸之间的金网能制造出适当的空间，引出最佳效果。咖啡斗内侧的铜板上有镀锡，镀锡本身的导热速度快，但到空气中的导热速度就慢很多，有保温功能。

铜线金网部分的网目，一开始都是用六角龟甲纹样，但我们发现，注水后咖啡斗里的水停留时间有些长，咖啡被焖蒸过久。京都的咖啡以深焙为主，焖蒸时间太久就很不好喝。后来我和中川先生讨论，最后把咖啡斗底的网目拉长，做出一种钻石形的新纹样。

有些人会觉得咖啡斗很贵，但我们的产品也并不是事先设计的，做了很多样品，自己用一下、看一看，是在这种实践中自然成型到现在的样子，这个价格也是有理由的。我也不喜欢设计师高高在上的作风，别人觉得我们的产品贵，我也并不排斥，就只是价值观不同，也没有绝对的标准。在“百均”[6]也有卖咖啡斗，有些人会觉得做咖啡用它就好。但我相信，随着人生的变化，比如成家啦、有孩子啦、自己的事业成功或失败呀，他们也肯定有机会磨炼出一种眼力，能够了解到我们产品的价值所在。

我们工坊是经过泡沫经济时代和之后的萧条时段的，

6 百均：均一价一百日元（约合人民币6元）的店铺。

这过程中学习到，迎合大众喜好做工艺品是不合理的。但我们也并不害怕改变，该学习的要学习，这和赶潮流有点不一样。比如茶滤网，日本本来就有的茶滤网是有深度的。我把它拿到欧洲给人看，他们以为这是捞东西用的工具，并没有想到是茶滤网，因为他们那边红茶用的滤网没有日本的这么深。另外我发现，当地女性拿茶滤网的样子也和日本不太一样，她们是用两只手指轻轻拿的。所以我们改良过的红茶用茶滤网，深度没有日本的深，柄部也比较细长。不过这是比较特殊的例子，我们是one blood（我们俱为一体，血脉相连），人都是差不多的，不要特意区分日本和海外。

吉井：可以说是工艺之下的人道主义？

辻：嗯……说实话，我不是特别喜欢那种太正面的说法。日本这个社会已经陷入很遗憾的状态。随着网络的普及，表面上我们都能自由地表现自己，社会变得多样化。但事实上并不是。也许日本人不太擅长利用网络，媒体上的言论倾向越来越过于正常了。说什么我们要积极、要努力、要互相关怀……这种倾向，应该是从东日本大地震开始的。当时我们搞不清楚发生了什么事、灾区是什么情况，主要信息来源就是电视。我们在那时候就依靠电视了，电视说得没错，上电视一定要说正面或正常的事。对了，你看这次的日马富士退役事件[7]有什么看法？

吉井：虽然暴力是不好的，但我有点可怜日马富士。

辻：暴力是不好的，没错。但我是这样看的，到这个结局之前到底发生过什么，我们都不知道，那么只谈最后的暴力这点也没用。也许他们（相扑选手日马富士和贵之岩）之间的关系本来就不好，发生那次暴力之前，两个人也许在厕所门口有过碰触，已经很不开心了，然后回到房间发生口角。或者，他们最近的个人生活中是否有过什么不愉快的事情呢？我们都不知道。所以大家只严厉谴责最后的一个结果，这有什么用？电视和媒体就有这种倾向，只会说没有错、安全的事。哦，有个视频我想给你看，等等哈。

（辻先生拿起手机向我们展示一个视频。）

BLUE HEARTS[8]……这是他们第一次上电视的样子。主唱Hiroto讲得蛮自由的，主持人说他们下一场的演唱会票都卖光了、很厉害。而Hiroto拿麦克风说，这是假的，其实票还剩一千多张，欢迎大家来购买。他唱歌的样子有点怪，当场有很多其他明星取笑他，但他无所谓。这个人多帅呀。若自己有机会上电视，我想要做这种人，但肯定有难度。这个视频是二三十年前的，反过来看，我们现在的电视节目是什么样的？面向摄影机只会说正确、没错的事情，而且更糟的是，我们是自发的自我审查。

关于工艺匠人的报道也一样。所谓怀旧情怀、“继承百年传统，坚持做一件事”什么的……真傻。现在是2017年。我们要做的东西是给现在的年轻夫妻、孩子、爷爷奶奶他们用的。当然，做这些产品的时候用的技术，就是我们从过去传承的技术。我也明白，多亏父亲的辛劳才能保护这门技术，传统和技术本身是有价值的。但现在我们要给大家看的是，用这些技术在现在做出来的结果，而不是过去。

我今年（2017年）三十六岁，大概已有十七年的时间投入金网制作。我的父亲已有四十年的经历了。因为现在我经常到海外做宣传，也有日本记者问我，匠人是不是不应该这样，匠人应该在寒风黑屋中默默动手，为传统工艺的保留而尽力。抛出这种话，说明媒体态度本身就有问题。我跟很多记者说这个，但很奇怪，一旦采访内容刊登在杂志上，我就变成很典型的“京都匠人”模样。这种文字只有向往京都的中年女性才会喜欢嘛。大家对“传统”这个词也有误解，它不是意味着固守旧形态的流仪，随时代进化更新的才是“传统”。实际上，传统工艺就是创意产业。所以匠人也得进化，我想改变大家对匠人的刻板印象，要做现代的匠人。

能有这样的想法，还是由于海外经验的影响大。所以我以后也想去看看更多不同的地方，和当地人多多交流。很多人以为京都很传统，工艺品多，但欧洲的工艺也很了不起，中国也有牛逼的传统工艺，这个世界我们不要说哪里更胜一筹，每种工艺都是当地随着他们的生活习俗，长年累积下来的文化。我想多多交流、学习，这样会有助于更新自己的创意。

---

7 2017年10月下旬，在鸟取县秋季巡演前相扑选手们参加的酒席上，日本相扑横纲日马富士与另外一名相扑选手贵之岩发生口角，情绪激动的日马富士殴打了贵之岩。11月底，日马富士向日本相扑协会提交退役申请并被受理。**8** THE BLUE HEARTS：1985年出道的日本摇滚乐团，以单曲《人にやさしく》（对人温柔）一炮而红，以《Linda Linda》和《Train-Train》奠定了在日本歌坛的地位，1995年解散。

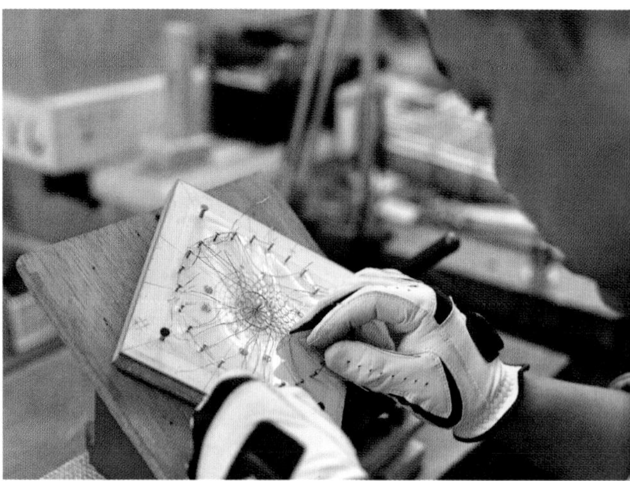

左.辻彻先生编网时是身心全情投入，害得我不好意思拍摄。他这时应该也并不是特别喜欢被围观打量的状态吧。匆匆拍摄过后，我离开了工坊。右.编制产品，原来仅靠钉子来编，但为更准确地制作纹样，有时候会将方格纸置于台面，按图面上的纹样进行编制。

有了家庭和孩子，也给我带来思考方式上的变化。我跟你说呀，我现在还是蛮享受外面的夜生活的，但有了女儿后，对年轻的女孩子不太感兴趣了，无法动心。所以特意选年纪稍微大点的人陪陪我，有时候看着她们就想，这些女性到这个年纪还为男人服务，真辛苦呀。所以呀，辛苦的不是只有我，大家都有自己的生活和人生，我们就是one blood。

吉井：您已经大大改变我对匠人的印象了。那您日后的目标是什么呢?

辻：赚钱吧。不不，开玩笑。不过，还是真心想要赚钱，之后雇用更多的年轻匠人。工作多了，钱多了，就能养更多的匠人呀。你想想，雇用一位匠人需要多少付出? 时间、保险、工资……挺难的。还有，健康也很重要，我们要保持健康。我母亲因癌症去世，有一段时间她一直说背很疼，但我们都以为那是因为驼着背编网的缘故。我们匠人都会有这个问题的。直到医院检查才知道，她的疼是来自癌症。她生前为家业付出很多，她那样走了，其实给我的影响很大。还记得葬礼那天有人跟我们打招呼，那时候我就在母亲枕边，桌上摆放着她生前用过的饭碗，盛满饭，插上一双筷子。我鞠躬的时候动作太猛了，那只筷子直接插进我嘴里。我不敢给客人看，用手把筷子拉出来。嘴里满是血呀。扯远了，我想说的是，她生前的模样和去世那件事，都给予我教诲，我们要努力，也要有自尊心，同时要多多思考如何为这个世界提供多些快乐。

吉井：您现在和您父亲经常在一起工作，对他有什么感受?

辻：怎么说呢……你也来过我们工坊，所以知道他是什么样的人。特可怕。但我觉得他说的是对的，他说我们的产品都是生活中的“配角”。我们的产品不会成为一个房间里的主角，但还是有种不过分苛求的存在感，自然地可以给人添加生活上的乐趣，能够让他们开心。就像手编金网，看起来是简单的重复工作，但它能够随意激发人的细腻感情。我会尊重父亲的这个“配角的品格”理念，创造出更多的新产品。

1.工坊“老大”辻贤一先生：“纹网细工其实可以让编制者自由发挥，其实金网能体现匠人的个性。”
2.辻贤一先生生于京都金网细工店，是家里的老幺，从小学开始帮父亲制作蒸笼的圆环部分加工，高中毕业后继续家业，1985年离开老家，并在京都市紫竹地区开设“金网辻”店。
3.金网辻工坊风景。

左."金网辻"木圈箩。右."金网辻"金网筐。

【实录】辻先生嘻哈式的销售之道

2017年末，辻先生来到东京，在新宿的百货公司"伊势丹"进行演示。此前他跟我悄悄表达过对每年一次"东京巡礼"的感受："我呢，不是特别喜欢东京。街道上的人都穿着西服，那种风景让我沮丧。"但一到现场，他依然活泼开朗，看到人就搭得上话，有的停步开始与他聊天，目测成功率高达百分之五十。

平常日的上午十一点多，一对四十多岁的夫妻冲着这个现场过来，毫不犹豫地拿起烹饪用木圈箩，一大一小，再加一个茶滤网，直接奔赴收银台。看样子，他们事先就查好了自己要的产品。后来得知，这位先生是在NHK烹饪电视节目里负责日本料理的著名厨师，他对金网辻信任深厚："为什么喜欢金网辻他们的产品？嗯……它的好看当然是一个原因，但主要是好用。你用一下就知道，和别的滤网完全不一样，而且很耐用。用久了，他们还会帮忙维修。实用性强，拍出来也好看。其实这样的东西很难找。"

辻先生与他们聊天时发现这位厨师是京都人，变得更加活泼了。

辻：咦？那你怎么不讲京都话？
厨师：来东京时间久了，习惯了，现在一开口就是东京话。
辻：哼，我们都是老乡，讲京都话呀！

若是不知情的话，我看到这对夫妻和辻先生，一定会以为是长年交往的朋友。又过了一刻钟，一位中年女士来了，辻先生看见她注意到金网筐，便道：

"呃，女士。那是原来广岛人为了洗牡蛎用的金网筐[9]，所以深度足够，也挺耐用。我们改良过，形状挺特别，上面开口是六角形，底部呈圆形，好看是不是？我太太呢，洗蔬菜、炸天妇罗都用它。炸天妇罗是这样的，先准备一个大盘子，上面铺一层报纸，再放金网筐。把炸好的天妇罗放进筐里，下面的报纸会吸收滴下来的油分。材料都炸好了，就把报纸拿掉，金网筐和下面的盘子一并拿起，放在饭桌上。我家这种贫民（他说到这里，女士哧哧偷笑）没工夫特意把天妇罗摆在漂亮的盘子上，每个家人就伸手用筷子从金网筐里夹天妇罗吃。还有还有，筐脚套上了硅胶，您放在漆器盘上也不会伤它。我们匠人考虑地很细致的。嗯，还有一个秘诀，别家的东西肯定不会这样：这个底部的口径比上面的小，下面的筐脚还更靠里面，所以筐子放在小的盘子上都可以，免得让您手忙脚乱地去找大盘子来垫。"

这位女士微微点头，手里的金网筐翻来翻去，这时辻先生扔出带有决定性的一句："今天就是我在这里的最后一天，明天收摊回京都了。"不久，她便站在收银处。等售货员包装金网筐的时间里，辻先生适当地把视线投给这位女士、售货员和我，说个不停。他很快得知客人在新宿附近上班，本来喜欢搜集生活用品，今天趁午餐时间出来逛百货公司。"原来如此，您偷偷出来看看我，真坏，谢谢呀。欢迎下次来京都。祝您新年快乐，哦，要先说Merry Christmas！"

9 广岛县的牡蛎产量位于日本前列。

上.手编金网的灯罩雅而不俗，让温柔惬意的光芒充满房间。中.茶滤网。下.辻彻先生。

我在百货公司里看过不少匠人的演示，做手提袋的、画陶器的、做漆器的……但从来没看到过这么会说话、会卖东西的匠人。并且特别厉害的一点是，他并非硬要别人购物，客人都是笑眯眯的，很乐意被他逗笑，拿着包好的金网嘻嘻哈哈、挥挥手离去。“工艺呢，是能够表达和平态度的一种渠道。今天回家用起金网筐，她会想起我的，会想起在工房里做出这筐子的手。” 在采访中，辻先生多次提起“one blood”的理念，从他今天的样子，就能看出来了。End

S I M P L E

生活最终归于日常。即便是这些在我们身边的寻常普通人，他们在屋檐之下的日常琐事，虽然细微平凡，但也足以折射出其“生活”的态度：未必锦衣玉食，焚琴煮鹤，但始终用心经营。舍得花费心力去拥抱生活，才能品尝到生活的真味。

常人 · 生活

L I F E

Country Road, Take Me Home

离开城市，重返乡村生活

文Writer_范清 摄影Photographer_杨明、部分图片由受访者提供

苏燕

四十四岁.前杂志媒体人.现为生活美学工作室创办人

四年半前，为了躲避雾霾，苏燕一家三口搬到了距离北京市中心约五十公里的农家院子里。

“当初我先生很坚持，一定要带果果到乡下来居住。果果两岁时呼吸系统出了问题，经常半夜发烧。几乎每隔一两个月就要去一次医院。搬到这儿之后基本上再也没有这种问题。”苏燕至今仍对那段日子心有余悸。

他们租下的院子足足有一千二百平方米，房屋的面积只有二百平方米——主要是看中宽阔的前院、后院。租约一口气签了十五年。

“房子是十几年前的旧平房，现在乡下已经很少有这样的房子了。房东盖完之后都没用过，挑高很高，都是木梁。果果爸爸是室内设计师，整个改造装修过程花了四个月，此前花了四个月画设计图。他只做建筑，我只管软装。我的要求是只要四白落地，不要其他复杂的东西。”

苏燕曾经在家居杂志工作了多年，因此审美非常专业。她挑选的软装都是混搭风格，有宜家的，也有二手市场淘到的老家具。他们在城里的房子是非常现代摩登的风格。在乡下希望与自然融合，古朴而又充满艺术气息。

在她家里，艺术品、花和绿植是不可缺少的东西。随处可见外文画册、国外的家居杂志、日本的器皿画册——她也收集了许多来自日本手工匠人的手工壶具。家里的画都是身边艺术家朋友的作品。每年四月份起就不需要出去买花了，院子里什么都有。

前院种花草，植物都可以越冬，第二年继续长。后院种菜养鸡，有自家的鸡蛋吃。前后院加起来一共有四十五棵果树：樱桃、梨、桃、核桃……夏天敞开客厅前后门，有穿堂风。

春暖花开之后，就开始每周末都有朋友来他们家聚会，喝茶聊天，在院子里烧烤。“他们可愿意在乡下待着了。我周末也是绝对不进城的。朋友们都上午来，一般都是有孩子的，中午一起做饭。菜也不用买，都是自己种的。只需要在超市买一些肉。”

菜地里是茄子、豆角、黄瓜、白菜、萝卜、土豆、木耳菜、香菜、紫苏、薄荷……春天过后就源源不断长出来。冬天大白菜收了就放在院子里储备。“真的很好吃，因为完全没有化肥和农药。六月份之后夜里就不能在院子里待了，因为不打药，虫子特别多。”

苏燕的女儿果果今年八岁，在附近一家德国体系的国际学校上小学二年级。当初苏燕和先生最终选择这里，也是因为这里有一所不错的学校。

学校所在地辛庄以严格的垃圾分类闻名，村子里有不少餐馆、咖啡厅，有看画展的地方——附近也有一个画家村，许多艺术家租下院子，自己动手改造。如今乡村也在变得更加现代化和多元化。夏天走路十分钟到旁边的静之湖游泳、划船，冬天可以到附近的山上滑雪、泡温泉。生活看起来很美。

“其实住在乡下很需要勇气，改造需要专业，而且各种不方便，比如离城里远，比如停水。很多朋友想尝试，最后都放弃了。”每周日早上七点半，果果都要和爸爸出发进城，到中央音乐学院上音乐课。采访的当天，整个村子停水了，苏燕用一口锅从隔壁的井里接了一锅水备用。

但这些和孩子的健康比起来，都显得微不足道。

果果四岁的时候，住进了这个院子。至今八岁，每年最多只生一次病，而且和呼吸道都没有关系。“我很感谢果果爸爸当初的坚持。而且因为他的坚持，我们全家人的生活方式都改变了。”

整个家里没有一台电视。苏燕偶尔会用电脑给女儿看动画片。小朋友放学后就在院子里玩耍：爬树、喂鸡、浇花浇菜、做手工、吹竖笛、和狗狗玩。院子里有两只狗，都是三岁多。“小黑狗是流浪狗，一月大的时候来的。大狗是朋友三年前搬家，留给我们的。我们每天回来，狗狗们都会开心得蹦起来。小朋友和爸爸每天喂狗、遛狗，狗狗对小朋友是最亲的。来到这里之后，我们就没有看电视的习惯了。”

他们全家人最喜欢待在客厅。宽敞的客厅色调温暖，白天阳光总是特别好。冬天的夜晚，天黑之后壁炉的火便生起来——也是小朋友亲自生火。融融火光下，女儿坐在小红马上，一家人围坐在一起，讲故事，或者围在大桌子上写写书法。每天晚上全家一定要在一起互相交流。

“除了健康，更主要是个性也改变了。以前果果在城里很内向，害羞。现在对自然的认知能力、和小动物相处的能力都非常强。她每天早上到花园里都会跟那些花说话：花啊你好美啊。家里的很多手工艺品都是她和爸爸动手做的。前阵子和爸爸去日本，一天走了十九公里。回来后她跟爸爸说，明年要走到二十五公里。”苏燕轻扬起脸笑了。

十五年的租金加上改造装修，一共花了一百五十万元。五年前，苏燕的一个朋友在郊区买了一座别墅，首付也是一百五十万，如今这座别墅涨到了两千多万。虽然想到这个心里也会遗憾，觉得自己错失了房地产暴涨的红利，但是苏燕和先生并不后悔。

“虽然我们没有赚到这两千多万，但是我们赚到了其他更多的东西啊。”比如，一家人在更加接近自然的院子里，以悠然自得的方式快乐生活。

Q&A **会对自己住的环境会有怎样的一种“执念”？**

我们花很多时间打理院子，种花、种菜、养鸡、养狗……坚决不在院子里铺水泥地面，蔬菜不打农药，果树也尽可能地少打药。我们喜欢自然的土地。

生活在一个室内空间里，你会比较在意哪些方面的细节？

我喜欢简单的、质朴但是有质感的生活。所以我们用的家具基本都是实木材质，还有一些老家具；纺织品基本都是纯麻质地的。我喜欢整洁的空间。

收纳东西的时候会有属于自己的规则或者方式吗？

一定要井井有条，不能乱摆，每一件东西都有自己的位置（有些强迫症啊）……

现在家里最喜欢在哪个角落待着？

客厅的壁炉前是冬天最喜欢的地方，经常在这里陪女儿讲故事。开放式餐厅也是我们一家人最喜欢待的地方。女儿学校有烹饪课，她喜欢和我们一起做饭。

在家里待着的时候都会做一些什么事情打发时间？

四月份起基本百分之九十的时间都交给院子了，拔草、收拾菜园，总有干不完的活儿。冬天喜欢窝在沙发上读读书，或者发发呆……

觉得最惬意的室内时光是怎样的？

开敞明亮的上午，一定要有充足的阳光。

如果用一道菜或者甜点或者饮料来形容自己的家，你会选择什么？

芝麻菜沙拉吧，因为它能体现自然、质朴的生活。

Lovers, Cat, Laziness

两人一猫的懒人生活

文Writer_范清 摄影Photographer_杨明

女主人 Sivia
二十六岁.广告公司策划主管

男主人 大锤
三十三岁.管理咨询合伙人

Sivia和大锤是一对性格开朗的小夫妻，除了性格开朗，两个人最大的共同点就是：懒。

因为工作繁忙，所以生活中的一切事情，他们都以“节省时间”为出发点，用最省事省力的方式来享受寥寥无几的闲暇时光。

房子由Sivia的姐姐来帮忙设计，亲戚的施工队帮忙装修，故而免去了许多不必要的繁琐。男主人大锤是某品牌智能家居用品的粉丝，家里随处可见各种智能家居用品。“因为真的让生活变得特别便利。”大锤得意地说。比如沙发边的无线开关，可以直接控制落地灯，还有一个遥控器，可以遥控家里所有电器。还有一个放在床头的小饮水机，“其实就是他晚上懒得给我倒水。”旁边的Sivia笑道。

两人都喜欢植物，但又没有时间逛花鸟市场，便也全部网购，植物、花盆配齐送到家，清一色好养易活的绿叶植物。养了一只乖巧的英短猫，因为猫咪不需要每天遛，比狗省事——也是喜欢小动物的懒人的思维。家里阳光最好的地方留给了猫咪，旁边是各种绿色植物，虽然是北方的冬季，但室内依旧生机盎然。

Sivia早上出门时间赶，大锤给她买了一台小的胶囊咖啡机，直接放咖啡胶囊，机器自己打奶泡，两分钟就冲好了一杯咖啡。早餐都在家里吃，咖啡配面包——花最少的时间，让自己过上有品质的健康生活。

周末好不容易都在家，他们俩就窝在沙发上吃水果，看电视，或者做做饭，二人食。虽然又忙又懒，但好在两人都有小洁癖，请了阿姨每两天来打扫一次。即便养了猫，每个角落也都纤尘不染。

他们最在意这个“家”的环境。“工作已经这么累了，有一个待着特别舒服的家，比什么都要幸福。这么努力地工作赚钱，不就是为了生活得更好嘛。再忙再累也不能降低对生活的要求。懒也不一定意味着只能过邋遢粗糙的生活，也可以用懒人的方式让自己过得更好嘛。这个时代就是专门为懒人准备的啊。我们只是把仅有的时间更加集中在享受生活上了。”

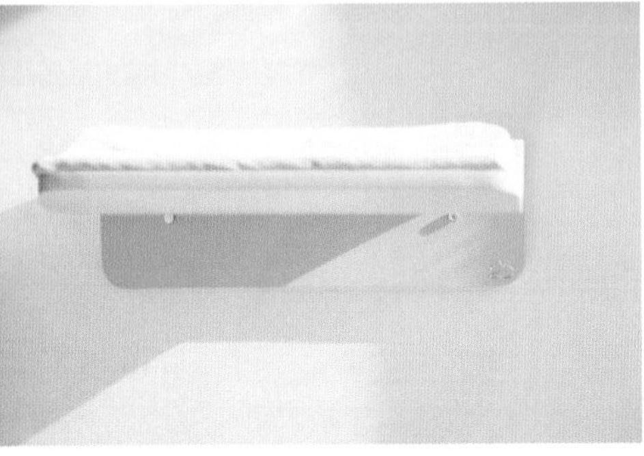

Q&A

生活在一个室内空间里，你会比较在意哪些方面的细节？

舒服干净利索吧。是强逼症吗？“什么样的东西该放在哪儿”这一点要求还挺高的。台面上最好不要有太多东西，东西一多，家里就会显得特别乱，我不喜欢，影响心情。所以平日经常会打扫卫生，进行归纳。我俩工作时间比较忙（也比较懒），所以有雇保洁阿姨，两天来一次，也挺便宜的，并不贵。

会在家居摆设上做一些很符合自己风格的尝试吗？

家里摆的一般都是我俩出去旅行带回来的纪念品。比如每个地方的冰箱贴，贴满冰箱，还有在泰国Pai县找当地街头画家画的我俩在泰国拍的婚礼照片，画在一张木板上，这些都是特别有纪念意义的。

收纳东西的时候会有属于自己的规则或者方式吗？

夏天衣服都要分T恤类、短裤类等等，我俩衣服比较多，家里好多壁柜可以进行收纳。阳台那边的书房，我们订做的榻榻米风格，其实更多也是为了收纳、存放衣物，很好地归纳可以方便找衣服，哈哈哈哈，所以必须要按类别收纳！

现在家里最喜欢在哪个角落待着？为什么？

沙发吧，开着落地灯，关掉其他灯，看个电视，特别舒服！经常晚上下班回家吃完饭后，往沙发上一躺，忍不住嘟囔“人生中最舒服的时刻！在沙发上躺平！”

在家里待着的时候都会做一些什么事情打发时间？

看电视、听收音机。在家一定要有声音，所以一般我会开着电视，或者开着收音机，这样才有生活气息。周末的时候会自己做些饭菜，二人食。我俩比较宅，特别享受在家的时刻。

觉得最惬意的室内时光是怎样的？

下班后在沙发上躺着！！！

如果用一道菜或者甜点或者饮料来形容自己的家，你会选择什么？

芝士蛋糕？很简单，却值得回味。

Can't Stop Baking

烘焙有瘾，根本闲不下来

文Writer_范清 摄影Photographer_杨明、部分图片由受访者提供

邓多多
三十一岁.电视节目制作人

邓多多自称是个“已婚妇女”。但其实一点儿也看不出来。

她是成都人，来北京上学之后就一直留在北京。“其实我觉得我跟北京这个城市不太搭，可能因为成都人太会生活了吧。但没办法，来都来了。只能尽量按照自己的方式生活了。”

因为工作关系，她的时间比较灵活。“可能这几个月要做项目，比较忙，忙完了就可以出去玩了，或者待在家里。在家里能做的事儿太多了，首先是烘焙，然后是画画——墙上的画都是我自己画的，画完了在网上买画框自己装裱。还有做饭、做瑜伽、喝酒、泡茶、品香……”

邓多多性格活泼，特别不喜欢闲着。“就是喜欢干活儿。我特别喜欢请一帮朋友来家里，做一堆菜。虽然不是很拿手。我们家就是开餐馆的，我妈特别会做菜。我是巨蟹座，哈哈哈。”

最近她买了一个巧克力喷砂机，第一次用它来做点心，结果略失败。她从冰箱里取出来，有点害羞：“太丑啦！而且我不保证好吃啊，你们可以尝一下。”她对做甜点特别有瘾，更加享受做的过程，而不是因为喜欢吃甜品才喜欢做烘焙。

“以前因为喜欢就先自学了一些烘焙知识。最开始做饼干，入门级的。后来就开始做更多类型的。今年五月份去一个专业的甜品店学了大概二十天。”有一段时间她特别迷恋高难度的甜点，但后来发现，把简单的事情做好了才重要。

“前阵子我去名古屋学习，发现师傅做的东西都很简单，但是发现人家的精准度、出来的口感，都很不一样。他们对口感、简约的东西更有工匠精神。”

曾经有朋友帮忙推荐，她在网上发了几篇关于自己烘焙的文章，也都有十几万的阅读量。“但我就是有一搭没一搭的。我都这岁数了，还赶着去做这些干吗啊？当网红吗？一旦变成这种感觉就没意思了。因为我并不靠这个来营生。比较纯粹地喜欢这件事情就好。”

能看出来她是一个非常自我的人。虽然结婚了，但在她身上、家里，完全看不出婚姻生活的痕迹。因为工作缘故，两人聚少离多，一个星期只见一次，但反而增加了感情的浓度。“本来还以为自己会是一个多玩几年再结婚的人呢。他喜欢拍照，很多甜品照片都是他拍的。我活得特别自我，也需要自己的空间。现在这种相处的方式我觉得挺好的。”

家里完全是按照她自己的趣味来设计和摆设的。中式和西式家具的混搭，饶有趣味。阳台上养了一溜儿多肉植物，但是活得最长的是一棵长出叶子的红薯。柜子里摆满了她从世界各地背回来的东西。

她喜欢旅行，每次旅行都要背一大堆手工艺品回来。“我简直太会背东西了！”她大笑，“这套锡器咖啡具是从土耳其背回来的，旁边的玻璃茶具是日本的，富士山杯，纯手工的，把水倒进去，杯底会有富士山的形状出来。十次有八次行李超重，后来我学乖了，就把重的东西都背身上。”

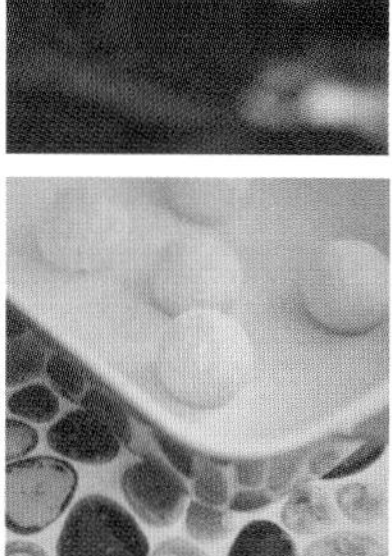
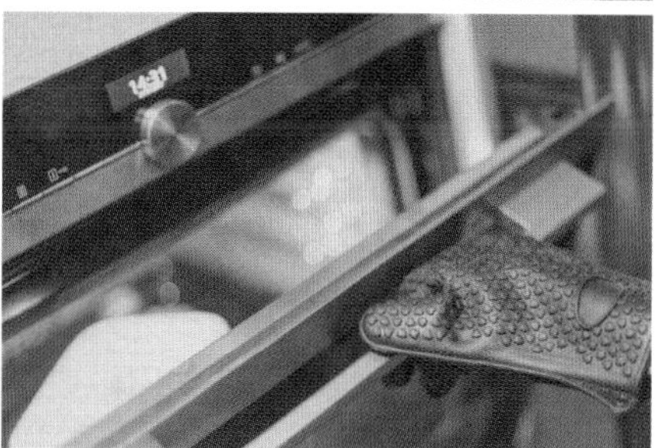

Q&A

在设计自己家的时候有没有一个最根本的原则或者风格理念?

有的，我自己很喜欢复古的东西，喜欢画写意国画。所以家里的装修风格结合了中国传统的案几和水墨画搭配（包括窗帘、软装饰、灯具，到沉香、鱼缸、茶台等等，都经过严格挑选），次卧又将传统榆木衣柜结合了古典欧式的床和榻榻米。当然，除了保持传统的中式风格，我也加入了很多现代元素。总之，结合得恰到好处，不冲突、不违和，又让人赏心悦目。

会对自己住的环境有怎样一种“执念”?

我觉得住所对于一个人来说太重要了，有一大半的时间都在家里待着，所以我希望住在完全属于自己的世界或者自己喜欢的世界里，如果不如我意会浑身不自在。

生活在一个室内空间里，你会比较在意哪些方面的细节?

厨房，因为我很喜欢烘焙和做饭，烤箱、打蛋器、锅碗瓢盆是不是好用，工具是不是齐全。还有一些软装饰：灯具的样式、花瓶的款式、抱枕和窗帘的花纹，这些细节都是反应一个人品位的地方。

收纳东西的时候会有属于自己的规则或者方式吗?

会有的，就是整齐划一，颜色统一。

现在家里最喜欢在哪个角落待着?

客厅沙发角落，舒适又宽敞明亮，离每个房间距离也都近。

在家里待着的时候都会做一些什么事情打发时间?

画画，做瑜伽，做烘焙，做饭，看美剧。

觉得最惬意的室内时光是怎样的?

早上睡个懒觉，起来以后自己做一顿丰盛的早午餐，然后下午做个烘焙，或者画画，傍晚做两个小时瑜伽，晚上做一顿丰盛的晚餐，看美剧。

如果用一道菜或者甜点或者饮料来形容自己的家，你会选择什么?

茉莉花慕斯蛋糕，清甜、雅致，融合又不失古朴气息。

Obsessed with Japanese Housing

日式家居的狂热迷恋者

文Writer_范清　图Pictures_图片由受访者提供

女主人 Chrissie
年龄保密.市场营销经理

男主人 Edward
三十二岁.广告公司创意人员

近年来，日本的家居风格、室内设计受到许多年轻人追捧，而一些日本设计师改造超小空间的案例，动辄成为现象级事件。也许是因为房价高企，在市区的普通年轻人只能拥有一个小窝，怎么让这个小窝承载更多的生活，使许多年轻人成为善于此道的日式家居拥趸。

Chrissie和Edward是一对在上海工作和生活的小夫妻，他们的家虽然面积不大，但也处处体现出巧思和用心。

“我们家在小户型中面积也算小的，设计时就把占空间的硬隔断全都去掉了，让原本的一室一厅变成一个打通的空间，靠家具摆设来把睡觉、工作、休闲和吃饭的区域分隔开来。从开始设计到可以入住，大概八个月时间吧，但很多软装和家具都是在搬进去之后，根据季节和心情添置或者更换的。”

这个家里只要是能看得见的东西，都是他们两个人去挑选和购买的。值得一提的是，他们俩是Muji的忠实粉丝。十年前在大学时，两人就喜欢上了这个品牌。“家里的CD机、香薰机，以及大部分收纳用品，都是他们家的，哈哈，真是快成展示间了。”

用家具摆设来区分空间就是这个品牌给予的启发。“比如当时有看过他们的一本目录，里面的客厅和餐厅是靠一排书架区隔开来的，现在我们家的睡眠区域和休闲区域就用一排大书架来隔开。另外，我们家原木色和白色为主的色彩搭配，还有磨砂玻璃的衣柜，也是从他们那里学习的。”

许多人觉得日式家居代表的是性冷淡风格，但在Chrissie和Edward眼中，并不能如此简单粗暴地一言以蔽之。

“我们每次去欧洲、日本旅行都有逛家居店的习惯，最大的感受是国外家居设计师的作品大多是面向普通人的，比如柳宗理设计的餐具在日本一些普通的小店都可以买到，甚至有看到Kartell的家具放在超市里卖。而国内一提到家居设计师作品，还是会给人小众、昂贵的印象。日式家居品牌背后有像深泽直人、原研哉这样的设计师，能够让普通人以比较适合的价格买到他们的作品，我们觉得目前在国内还是非常宝贵的。”

Q&A

会对自己住的环境有怎样一种“执念”？

家应该是一个动态的存在，不是说装修完了、搬进去了就不会改变了。虽然硬装不回去改，但经常改一改软装，可以让家里有不一样的气氛，多点新鲜感。比如冬天就可以换一些有节日气氛的桌布、小摆件之类的，就挺想马上过节的；夏天买些清淡的花，挂个风铃，心情也会感觉凉快一些。

生活在一个室内空间里，你会比较在意哪些方面的细节？

我们非常在意家居用品的品质，因为在家里喜欢干什么事情，其实和家里的东西有很大关系。家里有台好电视，就会更喜欢一起看电视；有好酒杯，有时候就会一起喝酒，用一用这些酒杯；有好的厨具，那自己下厨会多过叫外卖。

你们俩都是收纳控吗？

都挺喜欢收纳的。很大一部分原因是因为小户型，如果东西没有好好收纳的话就会显得非常乱。另外，收纳的过程也是一个断舍离的过程，会发现很多放了好久却没有用过的东西，可以送人或者去挂二手网站，对这些东西来说也是个好事。

收纳东西的时候会有属于自己的规则或者方式吗？

我主要负责桌面收纳，我太太负责衣柜收纳，这可能跟男女的性格有关。男生会比较烦花时间找东西，所以经常要用的东西，像文具、车钥匙、各类卡片、证件护照等等，我都有买专门的收纳用品来收拾。女生会在意让自己美美的，我太太就会花挺多时间收拾衣柜和鞋子之类的。

现在家里你们最喜欢在哪个角落待着？

沙发吧。沙发可以说是我们家最中心的区域，平时在家的休闲活动，像看电影、看书之类的，都是在沙发上，坐在沙发上也可以看到我们家大部分的区域。只要有朋友、家人过来，坐在沙发上和我们一起拍合影，已经变成我们家的仪式了。

你们在家里待着的时候都会做一些什么事情打发时间？

看电影、看书会比较多一些。做饭也是一个既杀时间又有趣的事情，虽然可能周末才有时间。

觉得最惬意的室内时光是怎样的？

夏天周末的午后，用完午餐，做完周末的打扫，地上还有刚刚拖完地的水汽，拉上薄窗帘，明亮但不燥热，偶尔有风吹过风铃，泡杯咖啡或茶，切点水果，一下午哪怕发发呆也是种享受。

如果用一道菜或者甜点或者饮料来形容自己的家，你会选择什么？

挺像咖喱的。它很日常，不需要多贵；它要你好好花时间去炖，才有好的味道；它也挺包容的，没有那么严格的食谱，要放什么样的材料，要淡一些还是辣一些，随着自己的心情就可以。

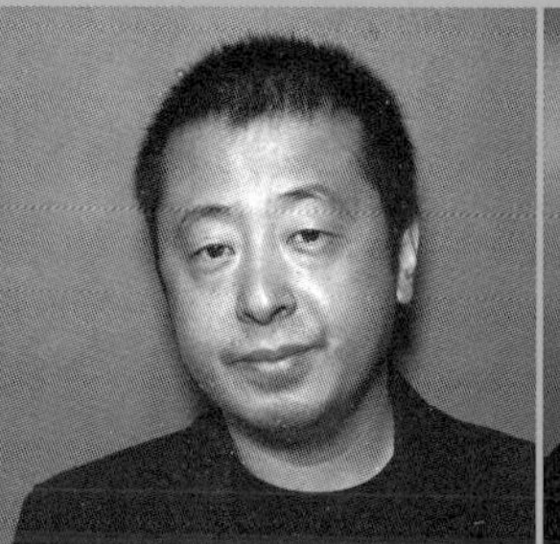

关于“室内生活节”

2018年的3月，“看理想”与CHAO一起推出“室内生活节”，邀请大家一起来参与和思考室内生活的广阔。

我们邀请作家梁文道、导演贾樟柯、马可•穆勒，音乐人李健作为室内生活节文化、电影和音乐的策展人。在这一个月内，你将在CHAO体验到他们为大家甄选的各类活动。

同时我们从京都、伦敦、香港、山西……带来世界各地不同土壤生长出的食物和器物，你也将会与来自京都、埃塞俄比亚以及国内的匠人在这里相遇，听他们畅谈另一片风土上的故事。

室内生活节期间，共会呈现近 **50** 场不同类型的活动，分为六个板块：

主题沙龙 – 每周六下午，举办一场大型文化沙龙，邀请梁文道、贾樟柯、李健、陈丹青、詹宏志等，讨论涵盖多个领域的文艺话题。

新书朗读 – 每周五及周日，邀请“理想国”的新书作者，如阮义忠、杨葵、庄祖宜、庄卉家、正午团队等，现场朗读他们的新作。

生活讲座 – 每周六及周日，怡园酒庄、荣源茶行、布乐奶酪、明谦咖啡、布乐零食、 三仟锦火腿等品牌创始人来到现场，带领我们体验饮食文化。

京都匠人 – 每周六及周日下午，邀请一位专程从京都前来的手艺人，包括开化堂、金网辻、中川木工艺 、一泽信三郎帆布的传人演示他们精湛的手作技艺。

音乐之夜 – 每周六晚上，举办一场音乐演出，展现一种乐器的特别之处，如手风琴、大提琴、尺八。演出嘉宾有吴琼、朱亦兵、高平、海山等。

电影之旅 – 每周六及周日，由马可•穆勒亲自选片，进行一次小型的“室内生活•主题影展”，放映贾樟柯、陈果等多位导演的影片。

另外，“看理想”的两间“店”也将会在生活节期间开放：

生活节·商店－在这间像家一样的小小商店里，你可以看到“看理想”推出的每一样产品，其中有些品类，如开化堂的茶叶罐、中川木工的香槟桶，应合作方的要求,只在这里销售。还有些特别的推荐品牌，如广田硝子、灵比(LYNGBY PORCELÆN)，数量极为有限，也仅在此出售。这是看理想的第一间“快闪店”(Pop-up Store)，仅在生活节期间开放。

生活节·咖啡店－这是一间由“看理想”和CHAO联合呈现、为期只有三周的咖啡店。“看理想”出品的葡萄酒“年华”、精品咖啡、中国茶、Bellocq西茶，以及受邀参加生活节的食品品牌，都可以在咖啡馆内实际体验。每一天，我们会邀请一位咖啡师在现场进行咖啡烘培，并为大家演示手冲咖啡的制作。

我们还邀请詹宏志、庄祖宜、吉井忍专门为本次室内生活节设计了一道菜品，并结合怡园酒庄、三仟锦火腿、布乐奶酪提供的食品，定制了一份“Special Menu”，每天晚上，你都可以前来品尝。

***扫描二维码关注“看理想”微信号，回复“活动”获取报名链接以及更多详情。**

茶与咖啡 一 大人的喝法

No Fuss

讲究

文Writer_梁文道 摄影Photographer_杨明

我们出版书籍，也出版文化视听节目，现在又要“出版”咖啡和茶叶了。是否不务正业？这要交给读者判断，但我们当然有自以为是的理由。这理由，不妨从我私己的经历说起。

小时候跟着外公长大。我在他身上学到了很多东西，其中有不少是直到今天都依然令我挂念，并且愿意尽量景从的。唯有一样，我实在不敢恭维，那就是他喝茶的办法。他总是爱用一个大壶泡一壶又浓又黑的茶，从早到晚不停加水，也不停地加茶叶。直到最后，我根本不能肯定那到底还算不算是茶。我外公是河北人，他喝茶的这种习惯，让我自小就种下了一种对于中国北方人的偏见，那就是北方人其实都不太懂茶。说起来，这好像不只是我个人的问题，而是南方人对于北方人喝茶习惯的整体印象。在我们这里，有人喝茶，喝到能够分辨出一款茶到底是产自武夷山某座山峰的向阳面还是向阴面的地步。而北方人呢，我们总以为他们所谓的喝茶，就是抓一大把茉莉茶碎丢进大缸，然后不管三七二十一地把热水猛灌进去了事。

茶是中国人的国饮，有太多人过着一天都离不了它的日子。既然如此，为什么我们就不能多花一点点心思和工夫，去稍微讲究一下呢？

说起来，我是个老烟枪了（大家千万别学，这可是件很不好的事）。大概二十多年前，也不怕人家说我装模作样，竟然抽起了烟斗。理由其实很简单，烟反正是要抽了，为什么就不能够去“考究”一下烟草的质量和口味呢？烟斗好玩的地方，就在于不同的斗得配上不同的烟丝，而不同的烟丝又可以搭配不同的场合与时间，其变化也无穷。更别说烟丝还能陈年存放，就跟人家喝酒一样，随岁月而成熟，风味与它少年时的青涩不可同日而语。

既然说到酒，我就想到酒鬼了。如何区分一个酗酒的酒鬼，与一个懂酒爱酒的饮家呢？在我看来，最简单的办法就是看他讲不讲究。真正的酒鬼，是不去多理会他在喝什么酒的，酒的味道和质量也不重要，最重要的是酒精的存在。我年轻的时候还真见过有酒鬼喝到倾家荡产，穷途潦倒，真的什么酒也买不起了，最后干脆喝掉一瓶偷来的酒精，结果暴死。而饮家则很少这样子喝，首先我们当然能够肯定他不会去喝酒精。和酒鬼相反，他喝酒喝得有节制。他只是讲究一些，但并不表示他放肆。

在正派人士看来，烟酒都不是好东西，为良人所不取。那我们就专心说茶跟咖啡好了——今天世上最通行的四大致瘾农产品当中比较健康，也比较正常的两样。假如我们能够区分酒鬼和饮家，而其关键在于“讲究”二字，那么，我们是不是也能够把所有天天喝茶或喝咖啡的人，粗分成这两大类呢？毫不计较，成天到晚灌茶汤，或者一天能喝几十杯咖啡而面不改容的（例如法国大作家巴尔扎克，他每天都喝几十杯咖啡，传说他是这么死的），我可不可以说他们是茶鬼、咖啡鬼呢？好像不行。因为我们的日常词汇里面只有酒鬼，而没有茶鬼跟咖啡鬼。理由很简单，因为大多数喝茶跟喝咖啡的人，都不算很讲究他们喝这些东西的质量和办法。人数一多，倒显得正常了。我这么称呼他们，后果会很凄惨。

请不要误会，我不是主张什么品位上的区隔，搞一些没必要的歧视。我只是简单地以为，茶跟咖啡反正是我们常喝的了，与其漫不经心地把它们吞进肚里，我们其实可以稍微讲究那么一点点，让它们为我们的生活带来一些间歇的美好，暂时中断乏味日常的庸碌，泛进一股色彩别样的幽香。真的，一点点就好，不必太多。

我曾经在一家日本手冲咖啡店，遇过求道似的咖啡职人。你一进店，他就很紧张地先向你解释，他家只卖咖啡，没有餐点，没有零食，没有别的任何饮料。甚至那咖啡，也不会做出任何加奶的变化。既然你懂了，他就会按你的要求，从一个个罐子里面小心翼翼地取出点选好的咖啡豆，仔细而精准地测量它们的重量，用最稳定而规律的动作去研磨那些豆子。他煮水也不忘测量水温，估计用的水也不是等闲。印象最深的，是他注水的动作。其他人多半都是手臂转动，把水壶的壶嘴朝着盛载了咖啡粉的滤杯，由内向外一圈一圈转出去。可他却手臂不动，用上了整个腰部的力量，站在原地像是跳韵律舞一样地打圈。整个过程，他不发一言。而我们所有坐在那里等着喝杯咖啡的人，也都紧张地不敢作声，只是沉静注视，像看某种古代巫术祭祀一样地看着他的一切动作。好不容易，咖啡总算端到你眼前了。此时，所有人聚精会神，先是有点装模作样地闻一闻它的香气，然后恭恭敬敬地用双手举起杯子浅啜，再长长吁出一口至福的叹息（他们是日本人，你懂的）。

喝完咖啡，回到马路边上，我真是大大地舒了一口气，心里只有四个字：“有必要吗？”也许那杯咖啡是好的，也许这么庄重地喝会让我喝出不一样的咖啡味道，但这实在不是日常，而是异常。我当时忽然记起了，以前在中国各地长途大巴上，常常看到那种人手一瓶的速溶咖啡玻璃瓶，里面总是泡着茶水。那些我并不认识的旅伴们无所谓地灌水、泡茶和喝茶的神情，此刻回想，竟多了一分“帝力于我何有哉”的闲适。

喝茶也好，喝咖啡也好，多讲究一点，总是可以的。只不过这一点应该是属于日常的，不必夸耀，也不必太过神圣。毕竟我们都只是凡人，有时候图的就是平凡中的讲究。所谓文化，往往就是一点点的讲究，日渐积累，逐步深挖，于是才有另一种生活的可能。

Gossip about coffee...

当我们谈论咖啡时，我们谈论的是……

文Writer_丁日 室内摄影Indoor Photographer_杨明 户外摄影Outdoor Photographer_赵謦&李林&茶叔

作为全世界流传最广的饮品之一，咖啡早已经不仅仅是一种饮料，而是成为了一种被赋予各种意义和内涵的文化。意大利的咖啡文化，法国的咖啡文化，土耳其的咖啡文化，美国的咖啡文化，甚至是日本的咖啡文化，因为背景的差异，也都各自呈现出千姿百态的魅力。

在中国，咖啡逐渐成为大众饮品之一，是最近二三十年才发生的事。从最早凤毛麟角的个体小咖啡馆，到后来土洋结合、遍地开花的连锁咖啡餐吧，再到成为城市生活时髦象征的国际知名咖啡连锁品牌，再到如今初露锋芒的各类精品咖啡馆、手冲咖啡馆……整个国家的咖啡文化进程被高度浓缩。

即便越来越多的人已经习惯于日常喝一杯咖啡，或者开始有兴趣进阶，品尝更加独特的精品咖啡，或者挑战自制手冲咖啡，但是大多数人对于咖啡的了解仍然非常欠缺。

因此，我们邀请了四位资深的咖啡职人，从咖啡产业链的不同维度，提供各种最有价值的咖啡知识。满满的干货科普，让每一位读完的人，都能从“爱喝咖啡”的1.0版本，直接升级为“懂喝咖啡”的2.0版本。

李林 Le Bunna 弘顺咖啡创始人，Q-Grader国际咖啡质量品鉴师／寻豆师

赵謦 欧洲精品咖啡协会SCA授权导师，世界咖啡师大赛WBC中国赛区感官评委，烘焙师

蛋蛋 Q-Grader国际生豆质量品鉴师，精品咖啡协会SCA咖啡烘焙认证，咖啡烘焙师

青朋 Q-Grader美国咖啡品鉴师，欧洲咖啡协会SCAE国际烘焙师认证

I. 咖啡小百科 COFFEEPEDIA

NO.1 心目中理想的咖啡产地

李林：如果从一个大的国家来说，可能我心目中最喜欢的咖啡产地就是埃塞俄比亚，因为它是世界上所有咖啡的发源地，它现在保留的咖啡种是全世界最多的，是世界上唯一一个不用基因改良而能保持豆种的优异风味、独特性的国家，是世界咖啡的基因宝库。所以现在很多国际上著名的咖啡公司，包括精品公司、咖啡协会，都涌到埃塞俄比亚来寻找风味更好的咖啡。

青朋：我开始接触时是偏向埃塞俄比亚，偏花香、果香，其实不像咖啡，更像茶。后来更喜欢均衡度比较高的，比如巴拿马、哥斯达黎加的豆子。再后面就比较喜欢曼特宁，比较苦，有草和木头的味道。以前喜欢小清新，后来越来越忙，就喜欢一些高浓度、可以提神的东西。

蛋蛋：埃塞俄比亚。现在世界范围内公认的咖啡豆原生种是在埃塞俄比亚。这些年，埃塞俄比亚政府一直在保护本国的咖啡豆品种，而且不允许任何人研究它们的基因。目前世界上最接近这个原生种的就是“瑰夏”。据说是埃塞俄比亚瑰夏山出来的品种，不知道怎么辗转到了哥斯达黎加，最后到了巴拿马发扬光大，一公斤要好几千块钱。如果按照豆子的形状来辨别，埃塞俄比亚的咖啡有圆的、扁的、长的，其实都是不同的品种，但是它们都构成了统一的风味，很神奇。

NO.2 埃塞俄比亚咖啡与其他产区咖啡的风味区别

蛋蛋：埃塞俄比亚的风味以莓果味和花香味为主。它的花香不是我们一般理解的花的香气，而是像我们小时候可能有人会把花瓣放进嘴里去嚼，就是那样子的味道，稍微有一点涩，但你会知道那是花瓣的味道。莓果味就是草莓、樱桃、小红莓这样的浆果的味道，有点酸，但不是柠檬的酸，而是柔和的、有甜度的。中美、南美比较多的是焦糖、蜂蜜、坚果类的味道，烤杏仁、烤榛子，还有奶油、巧克力这样的味道也比较浓。

李林：咖啡豆分为“阿拉比卡”（Arabica）和“罗布斯塔”（Robusta）两大种类。埃塞俄比亚的咖啡全部是“阿拉比卡”。“罗布斯塔”目前更多用于拼配商业用的意式咖啡。“阿拉比卡”风味更加明显、更加丰富，更多用于精品、单品咖啡。埃塞俄比亚拥有世界上最丰富的咖啡基因库，因而也有最丰富的咖啡风味。除了大家熟知的花香、柑橘、莓果风味，其实埃塞俄比亚还有巧克力风味调性的咖啡，就像一个充满惊喜的宝库，等待我们去发现。

TIPS: 关于咖啡的发源地埃塞俄比亚产区

李林：埃塞俄比亚适合咖啡生长可能是跟自然条件有关，它处于赤道附近南北回归线之间咖啡生长带上，同时是东非高原，高海拔，受印度洋的气候影响，每年有明显的雨季和旱季。这些综合条件保证了咖啡种在埃塞俄比亚的繁殖和生长。

同时埃塞俄比亚物种丰富、多样，在大自然的条件下不断筛选杂交。据埃塞俄比亚咖啡协会和农业部统计，官方公布大概有三千个品种，但实际我们分析可能应该有四千个以上。埃塞俄比亚的咖啡大部分是半野生、半人工种植状态，不像比如巴西、哥伦比亚、越南这种咖啡产业大国，基本上是工业化生产。

NO.3 地理、气候因素对咖啡的品种的影响

蛋蛋：根据精品咖啡协会的打分，80分以上的豆子种植区，几乎没有低于海拔1000米以下的。所以海拔1000米或者1500米以上成了精品咖啡的一个种植标准。第二个就是很多精品咖啡产区好像都有火山，可能因为火山灰有比较丰富的矿物质营养。

气候、光照也会影响到它的开花和结果。咖啡种植带集中在南北回归线之间。理论上都是很热的地区，但又是高海拔，所以并不会一直热，而是昼夜温差大，白天很热，晚上很冷。一热一冷，糖分就会集中，和水果一样，高山的水果都特别甜美、特别好吃，可能它的收成期会长一些，但味道确实很不一样。

雨水的要求一定是充沛。日晒也特别关键。它需要有光，但不能阳光直射。在种植咖啡树的时候，都会一起种植比较高的树，称为“遮阴树”。每个国家的遮阴树品种不一样，但都是为了给咖啡树遮阴。因为咖啡树一般都是两三米高，很多地方会把香蕉树和咖啡树种在一起，也能充分利用空间。

NO.4 咖啡豆采摘后的处理法

蛋蛋：一般有日晒法和水洗法，比如“花魁”就是日晒法。还有很多种，比如曼特宁，它是用湿剥法。但最普遍的还是日晒和水洗。咖啡豆其实不是豆子，而是像樱桃一样的红果里面的核，是种子。这个核外面是有一层果胶的，就像我们吃的话梅、桃子，靠近果核的地方有一层黏黏的果肉，很难去掉。所以要晒，晒干了就可以搓掉了。水洗法就是把它泡在水里发酵，发酵之后就很容易剥离，然后还是要晒干。处理办法就是让那层果胶脱落。

比如在以前，哥伦比亚只有水洗法，因为它很简单，很省人工，很快，但很费水，一公斤豆子需要四公斤水。而且它处理的豆子味道比较干净清爽。日晒的话，就像晒玉米一样摊在地面，会混入一些杂质。

青朋：不同产区有不同的处理法，而且近年来出现很多融合和创新。不同的处理方式会让咖啡的味道变得很不一样。比如日晒时是什么样的地面。水泥地面会反射热，或者是有草的地面、可以吸热的地面，对豆子的作用都不一样。还有用于晾晒豆子的半透的棚架。需要考虑离地面多高，温度的变化。还要考虑棚架是用竹子编织的，还是用钢、用铝，因为不同材质的吸热程度都不一样。同一款豆子，日晒十二天、二十天、三十天，味道都是不一样的。所以在烘焙前，最好知道这款豆子的处理法是怎么样的。

李林：在埃塞俄比亚，目前只有传统的日晒和水洗方式。水洗方式也是大概上世纪七十年代从肯尼亚传过来的，之前近一百年全部采用传统的日晒方式。从去年开始，在埃塞俄比亚基础设施有限、多数产区没有通电的条件下，蜜处理等特殊处理方式也开始在le bunna的处理厂中进行实验性处理。世界各产地的先进处理工艺、经验，也随着各国咖啡人深入产区走访，得以传播和交流。

NO.5 辨别生豆品质优劣的方法

李林：作为生豆商，辨别生豆品质的主要方式，是通过外观看它的颜色，然后闻一下生豆的气味，看一下颗粒的大小，看看有没有价值。但是咖啡最主要的风味评价，还是需要通过专业的焙测方法。把咖啡豆烘焙以后，通过专业的方法，比如国际上标准的焙测表格，来给咖啡打分、定级，同时打分也会影响到它的销售价格。

蛋蛋：作为烘焙师，拿到一款生豆一般是看豆貌，看它含有多少杂质。如果是商业豆，杂质率就会很高，会有不完整的、破碎的，甚至有的会发黑。但是精品咖啡是不允许这些存在的，它会有一个严格的标准。某一种瑕疵豆的数量超过一定标准之后，就不能称为精品咖啡了。像发黑、发褐的豆子，属于一级瑕疵，必须提前挑出来。有些是壳都没脱，咖啡豆在里面，这种会给咖啡豆带来外来杂质。还有泡过水的，会比较胖、比较白。还有虫蛀洞的。这些瑕疵豆都会被提前挑出来。一般都是放在黑色的桌面上挑，像挑钻石一样，只不过我们挑的是咖啡豆。

NO.6 消费者面对精品咖啡和商业咖啡应该怎么选择：

青朋：精品咖啡流行了以后，很多人会有这样一个误区，以为精品咖啡好，而商业拼配的意式咖啡不好。精品咖啡确实好，但是它的价格更高，针对的是消费水准更高的人群。拼配的咖啡面对的是更广大的人群，在品质上其实也可以做到很好，比如说用一些很好的豆子作为基底，再拼配其他等级的豆子，口味也很丰富。因为不同等级的咖啡其实有不同用途。不能因为有精品存在，就排斥其他类型的咖啡。

NO.7 对咖啡豆的烘焙程度

蛋蛋：粗略分是三种，浅、中、深。并不是所有的豆子都是一种烘焙程度可以适用，所以烘豆师就是寻找这款豆子在什么程度下味道是最好。比如有些豆子必须到二爆[1]，才能出现焦糖或者巧克力的味道，如果只是中度或者中深，就会出现不应该有的味道。所以就需要不停地试，直到遇到那个合适的点。

像埃塞俄比亚的豆子，可能就会比较多浅焙的。适合浅焙的豆子，它的花香更浓，莓果的酸味更明显。但是如果是意式咖啡，需要加奶，但是大家又不喜欢在加奶的咖啡里喝到酸味，而且更偏向花生、杏仁、巧克力的味道，所以就需要烘焙更深，这就不适用埃塞俄比亚的豆子了。

青朋：不同产区的豆子需要不同的烘焙方式，同一产区的豆子也需要根据处理方式、海拔的差异来选择不同的烘焙方式。比如说云南的豆子和埃塞俄比亚的豆子，都分低海拔和高海拔。豆子在前端的大火烘焙之后，肉质会分层。低海拔的豆子，一般质地比较松，可以火力保持均匀；而高海拔的豆子质地比较紧，前面的火力可以大一些，后面慢慢变小，这样火力可以一层一层慢慢穿透进去，而最外层又不至于烧焦。如果把高海拔和低海拔的豆子放在一起烘焙是不可以的。

NO.8 不同的烘焙对咖啡豆品质的影响

赵馨：咖啡豆的品种、种植和处理其实已经很大程度地决定了这个咖啡豆是不是好。烘焙能让好的咖啡豆有一个好的呈现，但是如果这个豆没种好，没摘好，也没处理好，想让烘焙师把一个中等豆子拉到高分是非常困难的。

举个例子，去年有一款很成功的咖啡豆“花魁”，也是2017年埃塞俄比亚咖啡生豆大赛的冠军。这款豆子的风味层次非常多，然后我们找到全国不同的烘焙师烘出的这款豆子来测，有的烘焙师展现的是草莓的风味，有的烘焙师展现的是百香果风味，有人做出了杏桃风味，有人做出了蜜瓜风味，差异很大，但都很好喝。能出现这样大的差异，首先在于这款豆子是高海拔埃塞俄比亚原生种，本身充满了各种可能性，不同烘焙师的呈现体现了不同烘焙师对它的理解，也在一定程度上是烘焙师自己的喜好。这是烘焙为咖啡豆带来的独特魅力。

NO.9 烘焙程度对萃取难度的影响

青朋：一般来说，一款咖啡，烘焙程度浅，口味就偏酸，有些物质没有被破坏，就比较难萃取。烘焙深了，就会有纤维反应，就更容易萃取。在同样的水温和时间下，浅烘焙的豆子萃取出来的就越淡，深烘焙的豆子萃取出来的就更浓。比如曼特宁，如果浅度烘焙，就会比较酸，有草本的味道，带有涩味，可能一般人接受不了。深度烘焙的曼特宁就会稍微甜一些，带有奶油可可的味道，醇度很高。所以一款豆子烘焙的深浅，不但决定了它的萃取难度，更决定了它的口味差异。

NO.10 不同的咖啡和不同的奶、糖比例

蛋蛋：其实我不建议加糖。加奶OK，但是加糖真的很不建议。有些好的精品咖啡，即便只加了奶，没有加任何糖，喝起来也会有一股淡淡的甜味。因为咖啡豆本身就含糖，牛奶本身也是含有一些糖，所以冲取得当的话，会有一个很舒服的口味。糖对健康是非常不好的，如果一定要加糖，那可以加一些黄糖。

赵馨：我个人是比较开放的态度，其实奶、糖完全在于每个人自己的选择。以我家里的几个成员做例子，他们喝咖啡就是有的加奶加糖，有的只加奶不加糖，有的只加糖。其实完全取决于你自己的口味喜好。然后看你选择的豆子是怎么样的，因为有些豆子就是加奶加糖才好喝，有的豆子不加奶和糖就已经很好喝了。

比如说我妈妈，比较喜欢吃甜的东西，我会给她加一点鲜牛奶，再加一点糖，她就很开心，即便是很贵的豆子，我觉得没关系，只要喝的人喝起来开心就可以。

我也很享受在面对面的咖啡品鉴课程上，通过启发与打开嗅觉、味蕾，让更多的咖啡爱好者打开咖啡世界的风味大门，能逐步感受不同产地咖啡独特的魅力。

1 二爆：咖啡豆在烘焙机内加热，经过第一次爆裂后，继续加热，咖啡豆吸热达到第二个顶点，发生第二次爆裂，咖啡豆内部的二氧化碳持续排除，内部继续焦炭化，转化成油脂渗出咖啡表面，二爆后的咖啡风味偏苦，香气浓郁。

NO.11 推荐给入门者的咖啡

赵馨：建议广泛地喝，全世界各个产地的都喝，如果一定要讲一个顺序的话，我们平时给爱好者上课时，会先从巴西咖啡喝起，因为中国消费者大多数人是从速溶喝起的，巴西其实就是速溶咖啡主要的原材料产地。巴西之后会喝曼特宁，然后可以尝试一下中国云南的咖啡豆，然后就可以喝到中南美洲，比如说哥斯达黎加。然后再喝一些非洲的，比如埃塞俄比亚、肯尼亚。再往后喝就可以喝到巴拿马。这个顺序总体上是从不酸到越来越酸的过渡，也比较符合一般入门级咖啡爱好者的接受度吧。

当然也没有一定之规，其实你有机会接触到哪里的咖啡豆，就拿来尝一尝。这样慢慢地你就会自己积累一个咖啡风味认知体系，以及你自己的记忆库，慢慢找到你喜欢的咖啡。

蛋蛋：拿铁或者美式。如果我们把精品咖啡称为绝世美女——美女不化妆都好看——那么糖和奶算是她的妆容。当你减掉糖和奶之后，依然觉得它好喝，就算是能初步领略到咖啡的美了。

NO.12 制作过或者品尝过比较独特的咖啡喝法

赵馨：有一种主流咖啡消费市场比较少接触到的最传统的咖啡制作方法，也是埃塞俄比亚几百年延续下来的喝咖啡的传统方式，就是将咖啡粉和水直接混合，在一个细颈大肚的壶里直接煮沸，然后把这个咖啡液体过滤出来。在埃塞俄比亚，大家平时会分三泡来煮，并且配一些咸味的、淀粉类食物，比如面食、爆米花。

蛋蛋：氮气咖啡吧。我是拿蛋糕店的那种裱花枪，在一个氮气瓶里倒入咖啡，然后再加入氮气，打出来就是像啤酒一样的咖啡气泡，咖啡的氛围和花香就保留在那层气泡里。

蛋蛋专区

NO.1 手磨咖啡和机磨咖啡的区别

手磨的缺点就是会很累，但是优点是几乎没有细粉，这点真的很棒。机磨多多少少都有细粉。因为手怎么快都赶不上马达的转速。研磨其实是一个碾碎的过程，碾碎的过程没那么快的时候，就不会特别细，而且形状比较不规则，冲出来的风味会比较丰富。手磨机一般都是锥刀，比较钝，更能展现碾压的效果。机磨一般是平刀，有一些刀刃，磨出来的颗粒没有那么多角度，比较均匀，所以冲出来的味道也比较均匀。比较讲究的人会根据不同的豆子来选择平刀或者锥刀。

NO.2 咖啡磨具的选择

手磨的话我一般比较喜欢陶瓷锥刀，因为它不太容易产生热。有一些比较细的粉末，如果研磨过程产生热，有些成分就会挥发掉。如果没有陶瓷锥刀，那就尽量选择不锈钢的锥刀。如果机磨的话，就尽量不要买刀片的，否则磨出来细粉会占一半，尽量用比较钝的，转速较慢的。如果你想磨豆速度快一些又不损伤到咖啡豆的品质，那就选择大刀盘的机器。

NO.3 适合手磨和适合机磨的咖啡豆类型

一般来说，深烘焙的豆子更适合手磨，因为深烘焙的豆子已经炭化得比较充分了，很脆，不用特别费劲去碾就能碾碎了，用温柔的方式对待它会更能保留风味。浅烘焙的豆子机磨更容易。

NO.4 手磨的正确手法

保持接粉杯一直在下面。转动时要匀速，一定要匀速，一开始你决定了用什么转速，就一直保持这样的转速，中间不要停。

NO.5 冲泡用水

水一般不要用自来水，因为自来水里有氯，氯绝对会增加涩感。矿泉水也OK，但是因为矿泉水含有矿物质，它的溶解率会降低。所以遇到一些不好萃取的咖啡，或者不是很会冲的生手，很容易萃取不足。

浅焙的咖啡适合矿泉水，可以萃取出层次更丰富的风味。然后深焙的，还有亚洲或者美洲的咖啡，以及意式咖啡比较适合用纯水。

NO.6 水温对萃取率的影响

关于冲泡的变数，我们一般很重视“3T”，就是水温（temperature）、水流(turbulence)、时间（time）。这三个变数都是和咖啡豆的烘焙程度、研磨粗细相互配合的。比如，如果研磨颗粒粗，就水温高一些、水流慢一些，时间长一些；研磨颗粒细，就水温低一些、水流快一些，时间短一些。

NO.7 通过冲泡来修正豆子的前期瑕疵

一般有瑕疵会是两点，一点是太新鲜了，很多风味还没发挥出来，二氧化碳也没有排出来，那可能在冲泡的时候就要更努力让它释放出更多物质。但是有一些豆子特别容易萃取，就像茶包一样，一遇水就释放出来了，所以在冲泡的末期就可能变涩，这样在后期就要把滤杯移走，把剩下的水倒掉，或者冲取时间短一些，或者不做焖蒸直接冲。

NO.8 挑选滤杯、接杯

不同滤杯的纹路不一样，还有洞口的尺寸也不一样，水的流速也会不一样，所以就需要根据豆子萃取的难易来选择。难萃取，就选择水流慢的；易萃取，就选择水流快的。一般选择中等流速的就好。

接杯建议选择有刻度的，这样有助于直观地看到冲出来的量。

NO.9 适合初学者在家手冲制作的咖啡类型

我比较推荐中深度烘焙的咖啡豆。因为有的人一开始买了花魁这样的豆子，花香味、莓果味丰富，但是冲出来却喝到了大酱味，就是因为他很难把那种风味冲泡出来。所以我不建议初学者一开始就选择这些花香味、莓果味浓的豆子，可能曼特宁，可能云南咖啡，可能巴西咖啡，都可以，先从一些习惯的味道或者好萃取的风味里体验手冲咖啡的乐趣。

II. 手冲咖啡套装冲泡教程 HERE'S YOUR HAND DRIP 

演示者Presenter_蛋蛋

注意：所有的冲泡器具最好都是玻璃制品，因为耐热并且透明可见。次之可以选择耐热塑料。

准备：咖啡豆，称重秤，计量杯，手摇磨豆机，手冲壶，滤杯，滤纸，接滤杯的分享壶，温度计，清理用的毛刷。

STEP 1

先烧一壶水。

STEP 2

称出20克的耶加雪菲豆子，准备用330克的水冲泡，粉水比是1:16.67，这是欧洲精品协会定出的标准。

STEP 3

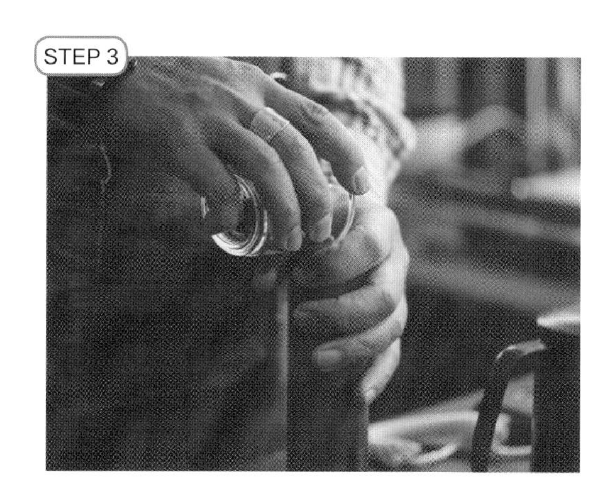

把豆子倒入手磨机中，开始研磨。手磨过程中，手的转速保持一致，不要忽快忽慢。一般好的磨刀都会比较顺。一定保持接粉杯始终在下方，保持手磨机和水平线的垂直。

STEP 4

水烧开后，用温度计测温度，壶里的水是97度，适合冲泡的温度是92摄氏度左右。

STEP 5

转动手磨机不再感觉到任何障碍、手感顺滑时，说明已经研磨完毕。先不打开，静置桌上。

STEP 6

壶上秤，滤杯上秤。

STEP 7

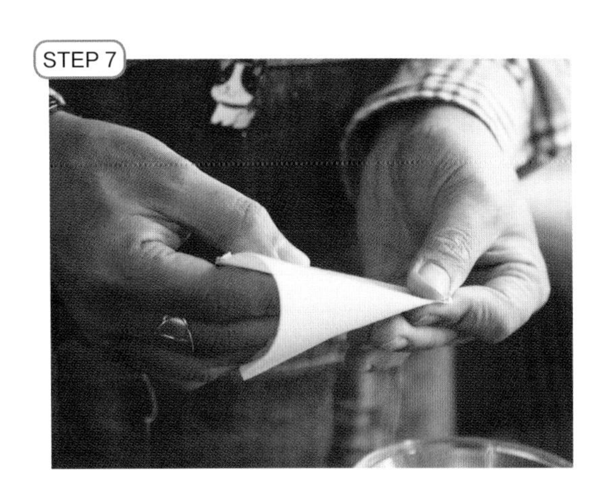

折好滤纸。缝合面需要折起，再将原来的折痕反折一下，这样比较贴合滤杯。

STEP 8

先用热水浇淋滤纸，让滤纸贴合滤杯，滤纸和滤杯之间尽量不留空隙。如果留下空隙，可能排气会不一致。浇淋同时能让滤纸和滤杯有保温效果。倒水前需要重新测试温度，大概91度。真正冲的时候可能在90度左右。

STEP 9

把浇淋的水倒掉。秤归零，然后把粉末倒进滤杯。显示粉末重量。再做一次秤的归零。

STEP 10

开始倒入热水，先做一个焖蒸。焖蒸的水量是豆子体积的1到1.5倍。如果焖蒸后粉末有膨胀，就需要等一等。如果没有膨胀，就可以继续冲水。

STEP 11

保持匀速绕圈冲水，中间不断水。水尽量不要浇在滤纸边缘，而是尽量浇在粉末上，粉末在上浮过程中会附着在滤纸上形成一层咖啡壁，这样能保证全部的水都是经过粉末后才流下来的。一共倒入330克的水。

STEP 12

时间2分10秒左右，咖啡液体已经滴得差不多，可以撤去滤杯。最长不要超过2分30秒，否则会有涩味和其他杂味混入。

STEP 13

通常需要自己先用小杯子品尝一下。确认味道没有过浓或者过淡。如果没有经验，尽量多尝试冲泡几次，每次都保持粉水比例、水温一致。在这些定量条件下，如果味道过淡，则说明萃取不足，如果味道过浓，说明萃取过度，冲取次数多了之后就可以轻易鉴别出来。

STEP 14

到这里，一杯经典的耶加雪菲手冲咖啡就做好了。它带有淡淡的花香、莓果味，酸味不是那么尖锐，而是带有柔和的甜味。

观看教程视频请扫描二维码

Take a Seat, Take a Sip

“好好喝茶”并不难

采访Interviewer&文Writer_范青 摄影Photographer_杨明、部分图片由受访者、茶园提供

长期以来，“饮茶”在中国一直被视为文化的象征。对士大夫阶层而言，茶只能细品，由此衍生出一整套精密细致的茶道，品茗需与焚香、抚琴、赏花、吟诗一道享用，才能算是讲究。

当然，在普罗大众中，“粗茶淡饭”的生活观念也持续了上千年。行走江湖的脚夫，或者游走在市井间的小商小贩，在路边的茶摊一坐，端起大碗粗拉的茶水，仰头一饮而尽，只为解渴提神。虽然爽快，但同时又失去了喝茶应有的享受与回味。

更有甚者，在过去“不讲究”的几十年里，由于生活条件的限制，工作繁重或者劳作时间长的人，会直接将茶叶泡在大茶缸里，一泡喝一天。物质基础决定上层建筑，在这里，“喝茶”降低为了一种基本的生活需求。

幸而随着经济的发展，“品茶”这件事重新回到了普通中国人的台面上，“茶文化”也因此在更大的人群中得到重视，但也始终停留在“中年人”群体中。直至近年来，简约自然的生活方式在年轻人群体中开始流行，在“简单生活”的理念倡导下，越来越多的年轻人将“喝茶”纳入自己日常生活的一部分。

已浸淫在茶中多年的人，自然深谙茶道。但刚刚接触茶的年轻人，多半是会有些迷惑：喝茶是否意味着一大堆繁文缛节？喝茶不当是否会被人嘲笑没文化或者对身体有害？生活节奏太快，有没有一种喝茶的方式，既能让自己暂时优雅地放松下来，又不会占用太多时间？

在此，我们请到了同为年轻人的香港荣源茶行市场推广经理Celia，为所有想要“好好喝茶”的年轻人快速解惑。

Celia

香港荣源茶行市场推广经理

“茶当然不是随便喝喝那么简单，但要喝对了也不难”

我们向身边的一些年轻人收集了他们想要了解的问题，汇总之后一股脑抛给了Celia。看看她是如何以最简单明了的方式解答这些常见的疑惑。

我们日常接触的茶的分类，主要有哪几种？

一般来说按照制作工艺和发酵程度，茶叶可以被分为六大类，按照颜色来命名——颜色不是指茶叶的颜色，而是茶汤的颜色——分为黑茶、红茶、青茶、黄茶、绿茶、白茶。不过黑茶的茶汤也不是纯黑的，是偏黑的咖啡色。好的黑茶茶汤是比较通透的。

不同类型的茶在口感、功能上会有什么区别吗？

大部分的茶在功能上是差不多的，主要是要坚持每天喝。如果每天喝的话，可以降血脂，也有一些防癌功效。女生比较在意的抗氧化、美白和淡斑，基本上茶叶都有这些功效。像普洱茶这些经过发酵的茶，可能效果会更明显。

之前很少接触白茶，白茶有什么特点？

有些药书记载，年份比较长的白茶可以治病，比如感冒发烧，七年以上的白茶就可以有治愈功效。做成药的话就需要泡比较浓一些，或者用茶壶煮。

好茶会不会对冲泡方式要求特别高？

其实最重要是水温和时间，像发酵过的茶，水温都要求达到一百度。绿茶和一些轻火做的茶，水温大概是九十来度就可以。

茶叶会有保质期这种说法吗？

一般来说，只要存放的地方比较干燥，就可以保存很久。比如普洱茶，我们在市场上看到的超过一百三十年以上的都有。

如果保存不当导致变质，会有什么现象？

比如黑茶普洱，如果保存不当，可能会有发霉的味道，泡出来的茶叶不会软，一直是硬邦邦的。

袋装茶在成分、口感上会有不一样吗？

一般袋泡茶冲泡次数比较少，两三次就没有味道了。可以自己买茶包袋，把茶叶装进去泡。毕竟袋泡茶一般都是碎的茶叶末比较多。

太浓的茶会对身体有影响吗？

这是每个人身体决定的，有的人喝很浓的也没事，有的人可能就会睡不着，或者有些难受。其实是因为咖啡因，茶里都有咖啡因。

大部分茶是不能空腹喝的，是吗？

红茶、黑茶都可以，经过发酵的茶一般都可以空腹喝。如果说肠胃不好，我们一般不建议喝绿茶、青茶类，尤其是空腹喝，因为发酵比较少，对胃的刺激比较大。

有人认为吃完饭不能马上喝茶，是这样吗？

其实一般来说没关系。当然，最好不要刚吃饱饭又大量喝茶，可能会对消化有影响。我们比较不建议把茶和奶放在一起喝，因为长期这样的话，肾会不太好。

不同的茶分别适合哪些不同的时候喝？

比如冬天，比较适合喝黑茶、红茶类，发酵过的茶对身体比较暖。夏天的时候大家比较容易上火，绿茶、青茶就会比较好。在一天之内，如果对咖啡因比较敏感的人，建议过了中午就不要喝含咖啡因比较多的茶。一般来说，没有发酵过的茶含的咖啡因会比较多。如果怕睡不着又喜欢喝，我们建议喝黑茶、红茶类，因为发酵过的茶，咖啡因比较少。

你会为普通年轻人推荐哪些在家也能容易冲泡的茶？

年轻人一般都喜欢香气比较明显的茶，所以清香型的铁观音、绿茶之类都可以。花茶其实跟茶没什么关系，但是因为有香气，年轻人也会喜欢喝。

不同的茶叶需要用不同材质的茶具来冲泡吗？

绿茶一般用玻璃茶具来喝比较好，因为玻璃降温比较快，绿茶不能保持特别高的水温。白茶、黑茶之类的，用盖碗或者紫砂壶都可以。但是我们不建议用紫砂壶来泡不同种类的茶，因为紫砂壶会吸味，泡不同的茶会串味，味道会变得怪怪的。

陶器、瓷器、玻璃器具泡出来的同一种茶，风味会有差别吗？

会不一样。一般最标准的味道应该是瓷器的盖碗或者茶壶泡出来的。紫砂壶泡出来茶口感比较滑，香气比较集中。玻璃是最普遍的，不会给茶的口感加分，也不会减分，但看起来可能比较普通。

哪些材质不适合用来做喝茶、泡茶的茶具？

不建议用铁的，因为如果生锈的话，泡出的茶会有铁锈味。

保温杯、塑料杯、玻璃杯装茶水，随身携带可以吗？

不太建议保温杯装茶，因为水倒进去就很烫，杯中的温度一直保持，对茶来说很不好，可能有一些不好的物质被泡出来了。塑料杯的话，因为高温的水倒进去，塑胶的味道会跑出来，所以也不建议用。玻璃瓶应该是这么多种里最好的。但不管哪一类，都需要很快喝完，而不是放一整天地喝。

作为入门者，需要准备哪些基本茶具？

一般普通的盖碗就可以，如果想更省事，可以选择飘逸杯。刚入门也不需要买整套茶具，因为可能泡一两次就懒得再用了，也会觉得喝茶是一件麻烦的事。

会有一些简便、好用的茶具推荐给入门者吗？

一般刚开始我推荐用飘逸杯[1]，因为最简单，泡完提走就可以喝了。但时间长了，我更喜欢用盖碗。因为看起来文化气息比较浓厚，而且可以挑的样式比较多。紫砂壶的话，为专门喝的某一种茶准备一两把也可以。

○ 关于“盖碗”的知识小贴士

如果想要讲究一些，但又不喜欢复杂，一般可以用盖碗泡茶。因为不管对于闻香还是品尝味道，它都刚好适中，不会像紫砂壶那样壶口太小，不好去闻，而且也可以容易看到茶汤。很多人都会习惯用杯盖在盖碗上划几下，闻茶香。

倒茶的时候，因为有盖子挡着，茶叶也不会跟着水一起流出来。

很多人会觉得盖碗难拿，其实只要掌握好要点，就不会很烫手、很难拿。拿的时候，只需三根手指用力，大拇指和中指放在杯沿，食指轻轻扣住杯盖就可以。这样倒茶汤，蒸汽也不会烫到我们的手。

盖碗品茶的香气最公道，因为用它来泡每一种茶，出来的气味和茶叶真实的气味都不会有偏差，而且洗干净了就可以泡不同的茶，不像紫砂壶会让茶原本的味道发生一些改变，或者只能固定泡一种茶。所以盖碗是所有入门者都适合使用的一种工具。

1 飘逸杯，也称“茶道杯”，是台湾“飘逸实业有限公司”于1984年首创设计的简易泡茶器具，同一杯组可使茶叶、茶汤分离，并自动过滤，改善浸泡过久，茶味苦涩的缺点。

盖碗泡茶教程Ⅰ·玫瑰花茶

首先来暖壶，暖壶一般是倒半满。顺便把杯子也暖一暖。暖完了把水倒掉。

玫瑰花一个人的分量是5克左右，一般一颗是0.8克到1克，所以取5克或6克就可以。如果喜欢味道比较浓，可以多放一些。

泡玫瑰花一般是用90度左右的水。一般第一泡算是洗茶，不用喝。直接倒出来，闻闻香气，再倒掉。

倒入第二泡水。大概等10秒到15秒，就可以把茶汤倒出来直接喝了。

接下来每一泡都延长5到10秒。如果喜欢喝浓一些的，泡到一分钟也可以。

这一杯玫瑰花茶就泡好了。

盖碗泡茶教程 II · 普洱茶

同样先来暖壶、暖杯。

普洱一人分量也是5到6克，汤勺一勺就可以。平常可以先掰碎一些放在小茶罐里备用。

普洱用的水温度高一些，刚好沸腾的时候就可以用。

第一泡同样不喝。倒出来闻闻香气，再倒掉。

倒第二泡时间5到8秒左右。因为时间长了会有一些苦涩。往后每一泡时间可以延长2到5秒。

这一杯普洱茶就泡好了。

观看视频教程请扫描二维码

“好茶来自何处？”

好茶往往来白山野。几百年前的茶马占道，藏仕深山中的种茶者，世世代代用马匹驮着市面上难得一见的上好茶叶，辗转山道，与外人交换米面油盐，再辗转回到深山之中，继续与茶园相伴。

时光斗转星移。如今茶马古道已不再，但好茶园仍在。在工业化、消费主义的浪潮之下，一切东西都变得唾手可得，也让越来越多的人习惯了“知其然，不知其所以然”的生活，享受物质，但不知其出处。但仍有讲究的人喜欢寻根问底，在喜欢喝茶、学会喝茶之后，自然会想了解，日常所泡的茶叶，有什么样的来历，是从何而来。

Celia自小与各种茶园接触，在这里，她也为我们介绍了两座仍在坚持使用古法，手工制作好茶的山中茶园。

西双版纳——勐宋万亩古茶园

勐宋万亩古茶园位于西双版纳布龙州级自然保护区勐宋山，占地接近三万亩，专门出产生态古树普洱茶。

勐宋山中遍布散生的古茶树和成片的古茶园，平均茶树树龄六百余年，最老的可达八百年。新的茶树也一直生长。茶叶每年摘采两季，春季四月和秋季十月。一般来说，春茶的品质要优于秋茶。

茶叶刚从茶树上采摘下来时，有手掌般大小。经过晒干、杀青，会变成手指头大小，颜色从青绿色变成黄绿色。杀青之后，工人将茶青运到茶厂里烘干，测试当年出产的茶叶级别，主要试香气和茶气。香气是真正茶树的幽香、清香，茶味则不要存有苦涩、臭青的味道。

测试后，茶叶会被分别制成茶砖、茶饼或散茶。若制作茶饼，则会再炒青，烘干，放入茶模里压制成茶饼的形状。这道工序之后，便放入候干室干燥，渥堆。如果做青茶，就是两个月左右。如果做熟饼，一般为一到两年，任其自然发酵。

从采摘到压制，绝大部分的工序均由人手完成。茶园中大多数工人属于当地少数民族，从小接触茶叶，都是熟练工，但仍需经过培训，比如传统的制茶手法。手工压制的茶饼更松、更厚，空气更容易和茶叶发生作用，后期的发酵程度也会更好，风味自然也会更加醇厚。

○ 关于普洱茶的小TIPS

普洱存放年份越长越好吗？

一般来说年份越长，价值就越高。因为年份越长的普洱，含有的益生菌就越丰富，对身体就越好。喝普洱的趣味性比较人，每一次喝的味道都会跟上一次不一样。因为它会随着时间而变化，喝着喝着，不知不觉味道就变了。而且每个人存放茶的位置不一样，可能味道的变化也会不一样。

如何鉴别普洱茶的年份？

一般只能试喝才能知道，单靠看和闻很难鉴别。年份也只能是一个大致的推测，喝不出来准确的年份。

泡出来的颜色区分呢？

一般年份长的，泡出来颜色偏深，但是比较通透，口感比较滑。新的茶颜色比较浅，口感可能有一点涩。香气主要看地区，因为不同地区的茶香味也不一样。

怎么存放普洱茶？

一般放在通风干燥的地方就好，保持茶饼状存放，每次掰出要冲泡的量即可。需要远离气味比较重的东西，因为普洱茶会吸味。

福建安溪——荣源茶庄

荣源茶庄位于福建安溪，面积仅有十余亩，主要出产铁观音。虽然面积不大，产量也不大，但园中茶树大概都有两三百年的历史，从清朝至今，始终不断产茶。园中每年也分为春秋两季采摘。有些茶园四季都有采摘，但茶叶质量欠佳，因为缺少足够时间去生长。

铁观音的茶树品种属于灌木。叶子相对较小，摘采下来时为一根手指的大小。采摘时，将新茶叶、老茶叶一起摘下混制——老茶叶的茶味比较浓，新茶叶的香气比较浓，香气和茶气混合在一起，制成的茶叶风味才会更均衡。铁观音属于半发酵型的青茶，制作过程与普洱类似，只是不需要压制，也不需要长时间发酵，制成之后的茶叶变成一粒一粒的茶颗。制茶过程也均采用全手工的古法。因为使用传统的制作手法，能让茶的香气保留得更好。

铁观音分为清香型和浓香型。清香型泡出的茶汤为青绿色，比较淡；浓香型一般会有四十八小时的炭火烘焙，泡出的茶汤则偏像功夫茶，回甘味更重。浓香型铁观音比清香型更耐泡，茶气也更持久。

作为一种日常饮品，食品安全检验报告也是不可忽略的一环，以确保茶叶中不含有任何农药成分。

眼下又到了新的采摘季节，稍事休息的工人又即将开始忙碌的一年。时间不等人，一年中最好的茶叶更是不可错失。只有趁它们最好的时候采摘下来，才不会辜负这年复一年的勤勤恳恳。

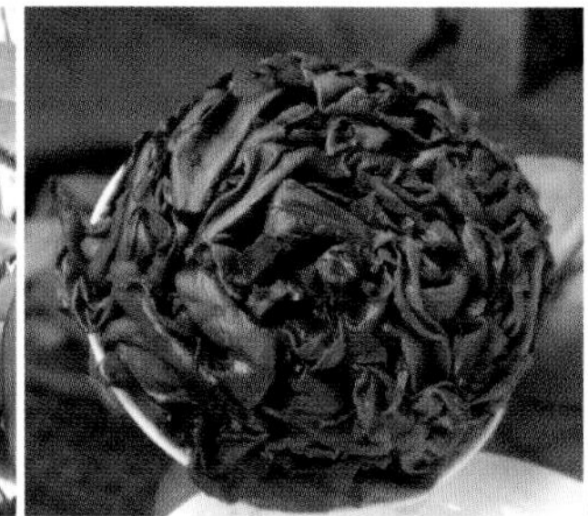

○ 关于青茶的小TIPS

铁观音这类青茶一般对身体有什么好处？

青茶和绿茶一般是燃烧脂肪、美白、抗氧化的功效会比较明显，因为维生素含量比较高。

青茶和其他茶的味道有什么不一样？

青茶主要是香气比较重。黑茶、红茶、黄茶一般口感发甜，比较滑。发酵过的茶主要是喝味道，虽然青茶也是发酵过，但它也和绿茶、白茶一样，主要是喝香气。

青茶的储存时间也是越长越好吗？

青茶比如铁观音，还有其他喝香气的绿茶和花茶，建议一年左右喝完。一年之后还是可以喝的，只是香气可能会散去，茶味就变了。所以香气型的茶一般储藏在冰箱里更好。

Slow Down with a Pot
寻恰当的器具，拾回“慢生活”

文Writer_许意 图Pictures_各品牌提供

“慢生活”并非是个时髦的口号，其实早已久远。曾有清代的张潮在《幽梦影》中著述：“闲则能读书，闲则能游名山，闲则能交益友，闲则能饮酒，闲则能著书……”或是一九九〇年代末欧美经济抵达鼎盛时，提倡生活从简的“慢生活”观念亦成流行——如今，这股“遗风”再度刮在当下的中国。但要言“慢”，并非是要强调某种需恪守的准则或仪式，而是停下不断向前冲的脚步，打开五感，或聆听，或细嗅，或静赏，或轻触，或品尝，重新获得与自然、周遭、人与物的联结。

在今天，我们与自然是疏离的。但要翻越这一藩篱并非只能隐居于山林。在都市生活中，寻恰当的器物、寻闲以细做、细品一道菜或一杯茶也能实现——沉下心感受着自然的茶与咖啡的原味、细觉一器一物天然的材料肌理与质地，这些过程其实都在建构着与自然的联结。归根结底，自己制作一杯咖啡、或不嫌繁琐地精泡一壶茶，也是一种“创造”的过程。在这个过程中的反复寻味，摸索、总结、积累经验，对自己是很受用的。说到底，这些精巧细作，能带给人以无限的快乐及成就感。

用好的器具，足以见心性

就像画画需要合适的画笔与纸墨，精做茶与咖啡，也需要恰当的器具。以手冲咖啡为例，手冲讲究功力，冲泡咖啡粉倒水的手势轻重、对水量的把握等都深切影响着咖啡粉末是否被浸润充分，直接影响到最终出品的咖啡。

在手冲咖啡的圈内，日本家居品牌KINTO推出的“SLOW COFFEE STYLE”系列积攒了不少口碑。此系列囊括了手冲咖啡的不同器具，滤杯、咖啡壶、滤纸、马克杯、滤纸收纳盒、木质咖啡粉匙等等，其中“Carafe Set”套组对于初学者或是专业的咖啡师兼宜，除了咖啡壶及锥形滤杯，还有一只可作量杯使用的托碗——这只托碗的开口大小与滤嘴相适，因此用者也可以选择先在托碗上预冲泡咖啡粉。

这组手冲咖啡壶套装最易打动人之处在于设计简练，以滤嘴为例，有不锈钢、塑料两个版本，滤嘴的边缘设计精确，将其轻轻地托于玻璃壶身上即可。用材精简、到位，维系着“不多不少”的美感。

透过这些细节，也能品味出一件器物“好”在何处了，首先是好用、耐用的，其次造型、外观、甚至是使用时的动作都变得轻盈、舒适——这背后其实都是设计师、制造者百般推磨的结果。KINTO也是较早喊出了“慢生活”口号的品牌，可见品牌的精神其实会落墨于器物中。

KINTO如今出品的咖啡壶、茶壶、水杯、餐盘等各异器皿广泛现身于世界各地的精品咖啡店、餐厅或酒店中，透过这些商户的信任感也可见其产品的质地不俗。

KINTO推出的“SLOW COFFEE STYLE”系列

KINTO推出的“SLOW COFFEE STYLE”系列

品牌产品中另一名为“PEBBLE”（鹅卵石）的茶器系列则与专注手工制陶的品牌atelier tete合作，正如系列名称所示，整个壶身宛如鹅卵石般温润、光滑，纯手工上釉令色泽深浅度循序渐进，壶口完全不会有多余的滴水——这亦源自手工制作才能保证的精准度。KINTO拥有的器皿品类纷呈，各式餐具、茶具或咖啡器具却都一致体现了品牌精髓：使用方便、简单，设计讲究人手拿捏时的舒适度，无多余修饰，同时亦用这些器物唤醒每个人对饮与食的五感。

KINTO推出的“PEBBLE”（鹅卵石）茶器系列

KINTO推出的“PEBBLE”（鹅卵石）茶器系列

KINTO推出的“PEBBLE”（鹅卵石）茶器系列

KINTO KRONOS双层保温玻璃杯：双层玻璃的设计满足了保温性，中部凸出的一圈流畅圆环也满足手握时更稳妥，可用作酒杯或甜点杯。

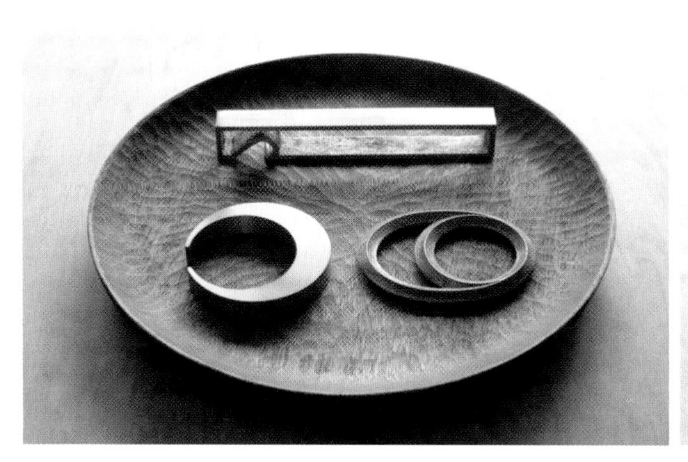

黄铜制品工坊“二上”与日本设计师大治将典（Oji Masanori）合作推出的FUTAGAMI品牌，一组以月食变化为灵感的开瓶器。

“材料即是天籁”

正如日本“民艺学”奠基者柳宗悦所说，无论是一块木头、石头，或是金属，一块原材料遇到人的双手经由不同的工序制作诞生各式各样的器物，这一过程凝结了智慧，美其实源于这一过程。而对使用者而言，从材料表面的变化、双手感受到的质地中，都能细腻地体会到材料及工艺之美。

成立于1897年的黄铜制品工坊“二上”与日本设计师大治将典（Oji Masanori）合作推出的FUTAGAMI品牌，则在保证黄铜工艺的同时，对时下的生活赋予了更多仪式感及趣味。比如一组以月食变化为灵感的开瓶器，可见敲打制作的精湛工艺，满足功能的同时也不失为一件充满象征性艺术感的物件。与如今多数黄铜制品不同，FUTAGAMI的产品依旧延续手艺传统，打磨而成的线条更流畅，亦令每件器物拥有自己的温度。

正如黄铜工坊“二上”这一作坊历久不衰的生命力，我们说起日本的民艺，都会钦佩这一北方之国对传统的坚持——但更重要的是，这还是归功于擅长审时度势的历代职人、日本当代设计师的积极参与，以及整个日本社会对职人精神的敬重。那些百年老铺的当家，多是对自家的手艺视作家族的命脉，一生只为保护、延续这一财产，而每一代新当家并非仅仅是顽固不化地“守旧”，也会为日益变化的生活需求提供新的考虑与服务。

黄铜制品工坊“二上”与日本设计师大治将典（Oji Masanori）合作推出的FUTAGAMI品牌出品的黄铜餐具。

黄铜制品工坊“二上”与日本设计师大治将典（Oji Masanori）合作推出的FUTAGAMI品牌出品的黄铜制品。

“高橋工藝”制作的木质杯子。

北海道是全日本木材产量最高的地方，尤其在旭川市溜达上一圈，会令人惊讶于木头能做成这么多玩意儿：小到猫头鹰、小熊等动物、或乐器，剩下更多的则是木制家具。成立于一九六五年的“高橋工藝”作坊就是因制作家具支腿部分发家，到了上世纪八十年代则因当时家具业普遍低迷而转向制作木质杯子及糖罐。如今这间作坊依旧只有三四位木匠师傅，作坊内除了他们成日研磨木头的身影，更多的就是四处晾晒干燥的杯子了——据说就连天花板上也挂着。

“高橋工藝”对木材用量极其严苛、避免浪费，每年用木量都是固定的。就杯子来说，木杯如今在国内使用得相对少，多是出于饮用安全的顾虑（这一问题又得说到商家的道德意识与责任感了，本文先不赘述），但其实木材作食用器皿亦是东方传统，这在日本得到了相对完善的保留，譬如以热水浸泡木材至弯曲制成的便当盒，虽然不再是热销品，但仍作为一项民艺特色商品而被人们所喜爱及购买。

说回“高橋工藝”制作的杯子，令笔者想起一位纽约的设计策展人之言。对方说：“用薄如蝉翼的杯子喝水，当容器薄弱得几乎令人难以察觉它的存在，这一刻，你只能感觉到水，这多么美妙。”而“高橋工藝”正是将“笨重”的木头制成了极为轻、薄之感，拿着轻巧，喝着顺畅。

设计师大治将典也与他们携手设计了一组KAMI系列餐具，有马克杯、食品罐、不同尺寸的餐盘等，其中最小尺寸的盘子也适用作杯盖或杯托。这组系列全以栓木制作，可见木头的纹理纯粹自然，这般温润、清透之感可是平均花费四周打磨、干燥、抛光等工序实现的。大治将典还与“高橋工藝”合作过一组KAKUDO餐具系列，有不同尺寸的菜板，边缘的凹槽便于托放液体或面包屑，以保证桌面整洁，系列多采用强度大的胡桃木、樱桃木为主，可见考虑到其功能。

熟悉、了解木头的特性，对症下药，这都原因长久勤恳实践的总结，比方在与另一位设计师小野里奈（ONO Rina）合作的Cara系列里，则选用椴木，椴木相对保温性能好、不易开裂，用作食器甚佳。

用物的本质，共塑真诚生活的模样

如前文提及大治将典与小野里奈为代表的现代设计师群体，一直在源源不断地为日本传统手工艺的流传注入新的力量——在这些设计师身上，其实存有一种“慢”的精神，不从命于爆发式的消费市场，不急功近利地创造生命周期短暂的产品，而是始终遵循设计——用物的本质。这些设计师与手艺人一道，共塑了真诚生活的模样，这是最令我们感谢、感动及青睐的。

在任何用物都快沦为“快消品”的今天，我们更需要能让自己精神丰盈并能向后代流传的物件。这不仅是只能远观、藏于珍匣的艺术品，也可以是一件被人们每日使用的生活器具——而要成为能长久使用、“寿命”比一代人还长远的物件，粗制滥造、急功近利的工业制品是无法胜任的。唯有那些被人心无旁贷地、专注于使用感受反复推敲所得的器物，才能做到历久弥新。

图书在版编目 (CIP) 数据

游物 / 覃仙球主编 .
— 桂林：广西师范大学出版社，2018.3
ISBN 978-7-5598-0690-1
I. ①游… II. ①覃… III . ①茶文化②咖啡 – 文化 IV. ① TS971.2
中国版本图书馆 CIP 数据核字 (2018) 第 032516 号

广西师范大学出版社出版发行
广西桂林市五里店路 9 号 邮政编码：541004
网址：www.bbtpress.com

出 版 人：张艺兵
责任编辑：马步匀
装帧设计：刘晓青

全国新华书店经销
发行热线：010-64284815
山东临沂新华印刷物流集团 印刷

开本：787mm×1092mm 1/16
印张：11.5 字数：80 千字
2018 年 3 月第 1 版 2018 年 3 月第 1 次印刷
定价：78.00 元